ÉLÉMENTS

DE

PERSPECTIVE LINÉAIRE

ET AÉRIENNE.

DE L'IMPRIMERIE DE FIRMIN DIDOT,
RUE JACOB, N° 24.

ÉLÉMENTS

DE

PERSPECTIVE LINÉAIRE ET AÉRIENNE,

A L'USAGE DES PERSONNES QUI CULTIVENT L'ART DU DESSIN ET PARTICULIÈREMENT DU PAYSAGISTE ;

PRÉCÉDÉS

DE NOTIONS SUR LE PAYSAGE ET SUR LES DIVERS GENRES DE DESSIN ET DE PEINTURE QUI LUI SONT PROPRES.

PAR F. E. V. DE CLINCHAMP,

Peintre, professeur de l'école de dessin de MM. les élèves de la marine au port de Toulon, membre de la société des sciences, belles-lettres et arts du département du Var.

L'art doit toujours imiter la nature !...

A PARIS,

CHEZ FIRMIN DIDOT, PÈRE ET FILS,

LIBRAIRES, RUE JACOB, N° 24.

1820.

AVANT-PROPOS.

Nous possédons dans notre langue plusieurs traités de perspective; quelques-uns ont été composés par des hommes recommandables par leur savoir : j'ai cependant observé que ces auteurs étaient en général trop abstraits pour être entendus de tout le monde; et j'ai cherché vainement un traité de cette science, purement élémentaire, et propre à donner presque sans travail l'intelligence de la perspective aux jeunes gens qui cultivent l'art du dessin.

Ce n'est donc point une sotte présomption qui m'a fait prendre la plume : plein de la lecture des meilleurs ouvrages de perspective publiés jusqu'à ce jour, j'ai analysé les excellents principes répandus dans chacun d'eux; j'ai essayé de réparer les omissions que j'y avais remarquées, et d'éclaircir ce qu'ils offraient d'obscur.

Léonard de Vinci, l'abbé La Caille, le P. L'Amy, Geaurat et Ozanam, ont été mes principaux guides : j'ai conservé de ces auteurs ce qui m'a paru ne pouvoir être mieux dit; et j'espère que l'on ne s'apercevra pas que j'aie abusé de la permission que je me suis donnée.

Cet écrit n'avait d'abord été entrepris que pour

mon usage particulier ; quand il a été achevé, j'ai eu occasion de le montrer à des élèves qui desiraient connaître les éléments de la perspective, et qui avaient été détournés de cette étude par les difficultés qu'ils avaient rencontrées dans la lecture des traités scientifiques consacrés à cet art. Ils ont été surpris eux-mêmes de la facilité avec laquelle ils concevaient ce qui jusqu'alors leur avait paru d'une grande difficulté. Cette épreuve m'a encouragé et n'a pas été inutile à mon ouvrage; je l'ai revu, j'ai changé ce qu'il pouvait encore offrir d'embarrassant, et j'ai tâché de ne rien omettre afin d'atteindre le but que je me suis proposé. Je crois aujourd'hui l'avoir tellement simplifié, que les personnes même qui n'ont point de connaissances en géométrie pourront m'entendre et me suivre sans peine. J'ai cherché avant tout à être clair: j'ai dû, pour y parvenir, sacrifier les ornements recherchés et même l'élégance. Le style le plus simple m'a paru le plus propre à des démonstrations; j'ai cru pouvoir imiter en cela la méthode des mathématiciens.

J'ai fait précéder ces notions de perspective linéaire et aérienne, de quelques notices sur le paysage. Elles ne seront point sans utilité pour l'élève, qui pourra ainsi se former une idée de chacun des genres qui composent cette branche de l'art de peindre, et choisir celui qui lui paraîtra convenir le mieux à ses goûts et à la profession à laquelle il se destine. J'ai traité aussi des divers instruments, anciens et nouveaux, propres à faciliter l'étude du dessin et de la couleur.

Puissent les personnes éclairées qui ont bien voulu m'aider de leurs conseils, puissent sur-tout les jeunes artistes, auxquels cet écrit est particulièrement destiné, trouver que j'ai pu leur rendre facile l'abord d'une science dont la connaissance leur est indispensable, mais qui jusqu'à ce jour les avait rebutés par ses difficultés !

NOTIONS

SUR

LA PERSPECTIVE ET LE PAYSAGE.

PREMIÈRE PARTIE.

DU DESSIN EN GÉNÉRAL.

L'IMITATION est le but commun de tous les arts : c'est donc à imiter et à représenter dans ses ouvrages les objets que la nature offre à ses regards, que doivent tendre les efforts du peintre.

Par quel moyen y parviendra-t-il? par le dessin, c'est-à-dire par la représentation de tout ce qui est visible, faite au moyen des lignes.

Cette représentation ne peut être exacte et agréable qu'autant qu'en représentant un corps on a observé l'analogie de toutes les parties qui en constituent l'ensemble; et c'est ce qu'on appelle proportion : il faut y joindre la précision du trait, la pureté et la finesse des contours.

Ce n'est pas tout encore : à la forme et à l'ensemble l'artiste doit ajouter la grace, dont La Fontaine a dit qu'elle est plus belle encore que la beauté! C'est par elle en effet qu'il faut donner à ses ouvrages ce charme qui agit si puissamment sur tous les cœurs, et les captive même à leur insu.

Je viens de dire que le dessin est la base de toutes les connaissances que doit acquérir celui qui se destine à la peinture : ce principe a été reconnu et proclamé dans tous les temps et par tous les grands maîtres.

De tous les objets qui s'offrent à l'imitation, il n'en est point qui présente plus de difficultés que l'homme lui-même ; aussi devra-t-il être le sujet constant des travaux de l'artiste : lorsqu'il saura dessiner correctement la figure, les autres parties de l'art ne seront plus pour lui que des accessoires aisés, dont un peu de pratique le rendra bientôt maître.

Pour faciliter les premiers pas de l'élève, il est indispensable d'analyser, pour ainsi dire, la figure humaine, et de ne lui en présenter d'abord que des parties séparées ; ainsi, après avoir dessiné des yeux, des nez, des bouches, etc., etc., il passera à la tête, et puis aux extrémités du corps, et enfin à la figure entière ou académie, qu'il n'aura pas de peine à saisir, puisqu'il connaîtra déja les parties qui la constituent (1).

Dans ce travail l'élève irait, pour ainsi dire, au hasard, s'il n'était pas dirigé par la connaissance des proportions (2) ; c'est le flambeau qui doit l'éclairer sans cesse, afin qu'il n'aille point en tâtonnant dans une route difficile.

---

(1) On ne veut parler que de l'académie copiée d'après le modèle dessiné ou gravé.

(2) Tout ce qui a été dit jusqu'à présent au sujet des mesures de la figure, n'a point été réduit à des principes assez invariables pour former un système assuré de proportion. Les figures antiques seraient très-propres à cela, si d'habiles artistes s'en occupaient sérieusement ; en attendant, les règles publiées par M. Lafitte me paraissent les plus propres à donner une idée exacte des proportions de l'homme.

Avant de passer à l'étude de la bosse, l'élève devra avoir acquis déja la connaissance des règles de la perspective, sans laquelle il lui serait impossible de bien dessiner, puisque cette science est le fondement de toute imitation.

Ce n'est qu'après être parvenu à copier correctement et à rendre avec intelligence l'effet d'une figure en relief, que le jeune élève pourra choisir et se livrer au genre vers lequel l'entraîneront son caractère et son génie.

DU PAYSAGE.

Quelle marche doit suivre l'élève pour dessiner ou peindre le paysage.

Le paysage est le genre le plus attrayant du domaine de la peinture. Moins susceptible d'exactitude que les autres, il n'exige point ces longues et pénibles études, sans lesquelles le peintre d'histoire ne peut acquérir de la célébrité.

Celui qui se sent entraîné vers ce genre par un penchant naturel et par cette sensibilité qui fait trouver du charme à l'aspect des beautés que la nature étale à nos yeux, doit dans la solitude des champs, en présence de la nature même, puiser les secrets de cet art enchanteur qui fait les délices de l'artiste et l'admiration de l'amateur éclairé.

Le jeune élève peut espérer des succès dans le paysage, s'il dirige bien ses études, et si nulle prévention d'école ne l'entraîne à copier la manière de quelque maître, plutôt que vers l'imitation vraie de la nature (1). Il doit d'abord étudier avec la plus scrupuleuse exactitude les moindres objets qui s'offrent à res regards, ne point se contenter de faibles croquis faits à la hâte, et sur-tout ne

(1) Maximes trop souvent oubliées : on sait que d'efforts il a fallu faire de nos jours, et combien d'obstacles ont éprouvés les régénérateurs de notre école, pour la ramener aux vrais principes de l'art.

jamais dessiner de souvenir; ces études ne pourraient lui être d'aucune utilité, et l'écarteraient de la bonne route. Ce n'est qu'après être parvenu à rendre fidèlement et isolément tous les objets qui s'offrent dans la campagne, et avoir enrichi son porte-feuille de bonnes études de roches, d'arbres, de ciels, etc., etc., qu'il doit s'essayer à composer des paysages.

La connaissance de la perspective aérienne est absolument nécessaire au paysagiste : elle est le principe de l'harmonie et de cette séduisante illusion qui est le plus beau partage de la peinture.

L'observation continuelle des effets de la lumière suivant les saisons, les temps et les différentes heures du jour, apprendront à l'artiste à bien connaître cette partie difficile de son art.

Division du paysage en cinq genres distincts, et définition de chacun de ces genres.

GENRES EN PARTICULIER.

Le paysage peut être divisé en cinq genres : 1° le paysage historique, 2° les marines, 3° le paysage pittoresque, 4° les vues à vol d'oiseau, 5° les vues de côtes.

Du paysage historique.

Le paysage historique occupe le premier rang. Il faut, pour y réussir, de grandes connaissances : l'artiste peut s'y livrer aux plus brillantes conceptions de son génie ;

enrichir les sites de belles fabriques, de superbes monuments d'architecture, et y placer des scènes historiques (1).

Comme la nature doit toujours être rigoureusement observée dans les ouvrages de l'art, à quelque genre qu'ils appartiennent, le dessinateur, en recueillant dans divers lieux les beautés qu'il y rencontre, en forme un ensemble grandiose qu'on peut appeler l'idéal du paysage, comme ont fait les Poussin et les Claude Lorrain (2).

Des marines.

Les marines constituent la deuxième classe du paysage: elles doivent être placées immédiatement après le genre historique, à cause des grands obstacles que doit surmonter l'artiste, et de la connaissance parfaite des règles de la construction, de la manœuvre et du grément des vaisseaux, sans laquelle il ne saurait réussir à rendre avec vérité la forme et les différentes allures des navires qu'il doit placer dans ses tableaux. Le genre de la marine exige de la part du peintre une très-grande habileté à saisir à la hâte la nature sur le fait. Les effets de la mer varient sans cesse; et la lumière s'y réfléchit de mille manières différentes, suivant les heures, la température, le calme d'un beau jour, ou le bouleversement convulsif de ses eaux dans les horreurs de la tempête. Ce n'est que d'après de belles études prises sur les lieux mêmes, que

---

(1) Quant au choix des sujets propres au paysage historique, il faut pour y réussir les mêmes qualités que pour toutes les scènes d'histoire : mais, comme dit le Poussin, c'est le rameau d'or de Virgile, que nul ne peut cueillir s'il n'est conduit par le destin.

(1) L'art a commencé par l'imitation; le choix a créé l'idéal.

Vernet a créé les admirables modèles qu'il nous a laissés dans ce genre (1).

Du paysage pittoresque.

Cette manière de peindre le paysage exige encore une grande étude de la nature (2) : ne pouvant donner l'essor à son imagination, l'artiste doit compenser ce désavantage par le charme d'un beau coloris, la vérité du ton local, la finesse de la touche, et le choix pittoresque des sites. Moins exposé que le peintre de marine, il peut mieux que lui étudier la nature jusque dans ses moindres détails, et c'est cette vérité d'imitation qui constitue le principal mérite de son genre. L'aspect d'une riche campagne; le silence de la nature au lever du soleil, le calme d'une belle nuit, sont les sujets dont le paysagiste habile doit, jusqu'à l'illusion même, nous retracer l'image (3).

Vues à vol d'oiseau.

Ces sortes de vues ne sont employées ordinairement que lorsqu'on veut embrasser une grande étendue de pays, comme, par exemple, une ville et ses environs : alors on est obligé de se placer sur un point élevé, afin

(1) Cet artiste célèbre avait navigué exprès pour étudier toutes les crises de la mer. On assure même que, pendant l'orage il se faisait lier au mât du vaisseau, afin de pouvoir mieux observer la nature et la prendre sur le fait.

(2) C'est une présomption ridicule de croire qu'on peut se ressouvenir de tout ce qu'on a vu dans la nature : la mémoire n'a ni assez de force, ni assez d'étendue pour cela ; aussi le plus sûr est de travailler, autant que l'on peut, d'après le naturel.

Léonard de Vinci. *Traité de peint.* Ch. XX.

(3) Les écoles hollandaise et flamande ont fourni une grande quantité de paysagistes en ce genre. Ruisdael et Potter ont répandu le plus vif intérêt dans leurs tableaux, par l'imitation simple et vraie des beautés de la nature.

de découvrir les objets que l'on se propose de faire entrer dans son dessin; et c'est à cause de cette position élevée du point de vue, qu'on appelle ce genre dessin à vol d'oiseau. Les peintres font quelquefois usage de ces sortes de dessins dans les tableaux de bataille, où l'on est obligé de représenter, selon un plan donné, les marches et les diverses positions d'une armée, ce qui embrasse nécessairement une grande étendue de pays. Les objets vus à vol d'oiseau paraissent extrêmement raccourcis, et présentent toujours l'apparence d'un plan auquel on aurait donné quelque élévation au géométral. Plusieurs tableaux de bataille de l'école flamande font voir comment les peintres de batailles peuvent employer ce genre.

Des vues de côtes.

Les vues de côtes ne sont que des paysages aperçus à une grande distance. Comme ces sortes de vues se prennent ordinairement à bord des bâtiments et toujours à la hâte, il est nécessaire, pour y réussir, de savoir bien dessiner le paysage d'après nature. Il suffit ici de tracer avec justesse le contour des montagnes et autres objets vus dans l'éloignement. Si cependant on est assez près de la côte pour en distinguer les fabriques et les autres objets qui s'y trouvent, on peut rendre ce genre de dessins plus agréable, en copiant avec esprit la couleur et la touche de ces objets; on peut même y ajouter des ciels, de la mer, et des vaisseaux sur les devants.

On ne dessine des vues de côtes dans les tableaux à l'huile, que dans les lointains et pour servir de fond aux objets du premier plan de la composition. C'est au crayon, au lavis et à l'aquarelle que se traite ordinairement ce genre, que les marins doivent connaître.

Des dessins, des lavis et des peintures propres à chaque genre de paysage, et quelques notions particulières sur chacune de ces manières de peindre ou de dessiner.

Le paysage peut s'exécuter avec tous les divers genres de peinture connus de nos jours; il est cependant plusieurs manières de peindre, plus propres au paysage que d'autres (1) : les plus usitées sont, la peinture à l'huile, la gouache, la détrempe, et l'aquarelle. On lave ordinairement les paysages de deux manières seulement, à l'encre de la Chine, et à la seppia; on les dessine au crayon, à l'estompe, au crayon de mine de plomb, et à la plume (2).

Du crayon en général. Des diverses manières de crayonner, et des genres de dessins auxquels ces manières sont propres (3).

Quelque genre de dessin ou de peinture que l'on se propose d'étudier, il est nécessaire de se former, avant, un faire de crayon large et facile. L'élève qui, mal dirigé

(1) Nous n'avons classé ici les différentes manières de peindre, que d'après leur importance relativement au paysage, et non suivant le rang qu'elles occuperaient dans tout autre genre. On peut aussi peindre le paysage de plusieurs autres manières, mais nous n'indiquons ici que les plus usitées.

(2) Quoique les lavis ne soient ordinairement regardés que comme des dessins, nous en avons fait une classe à part à cause du maniement du pinceau qui les rapproche en cela de la peinture.

(3) Les moyens employés pour effacer ou retoucher les ouvrages au crayon, sont, la mie de pain, la gomme élastique, et la râpure de peau de gant. Ce dernier moyen ne peut servir que pour effacer le trait à la mine de plomb. Il est plusieurs manières de fixer le crayon, mais en l'altérant plus ou moins : d'abord

d'abord, adopte au contraire une touche sèche et mesquine, court le risque de ne pouvoir dans la suite se défaire de la manière qu'il aura contractée dès l'enfance; et ses ouvrages se ressentiront toujours des mauvais principes reçus dans les premières études.

Le crayon est la base de toutes les parties du dessin : ceux qui veulent acquérir des connaissances dans l'art de dessiner ou de peindre, doivent s'attacher d'abord à se créer une belle exécution; c'est en copiant de bons modèles, dessinés correctement et hachés avec hardiesse et pureté, qu'ils atteindront ce but.

Quoique, de tous les genres de la peinture, le paysage soit celui dont les beautés sont le moins propres à être rendues par le crayon, cependant une touche franche et hardie, de belles dispositions de lignes et de savants effets de clair-obscur, peuvent dédommager en quelque sorte de la suavité des teintes, et de cette belle harmonie de couleurs que la peinture imite, et que le plus beau dessin laisse à peine deviner.

Les diverses substances employées autrefois pour dessiner, dans nos écoles et dans celles d'Italie, étaient : la pierre noire, la sanguine, le charbon de saule, et la mine de plomb. Les dessins qui nous restent des grands maîtres sont les dessins à la sanguine, ceux à la pierre noire, ceux rehaussés au blanc, ceux à l'estompe sur papier de couleur, ceux à la mine de plomb, ceux aux trois crayons, et enfin ceux à la plume et au lavis.

---

en le passant dans de l'eau après qu'il est fini, ensuite en le contr'éprouvant à la presse à gravure, et enfin en passant dessus de l'eau légèrement chargée à la colle de poisson. Il faut mettre ces dessins à la presse quand ils sont presque secs, afin de les empêcher de se plisser.

La découverte des crayons Conté a opéré de nos jours de grands changements dans les diverses manières de dessiner. Plusieurs genres nouveaux ont été le résultat de cette découverte. Les ouvrages à l'estompe et au pointillé, dans lesquels plusieurs maîtres de notre école ont excellé, n'étaient point connus autrefois. Les dessins aux simples hachures ont aussi été perfectionnés depuis l'invention des crayons Conté. Il serait difficile de nier la grande supériorité des modèles d'étude donnés dans nos écoles, sur ceux qui existaient auparavant.

Les crayons dont on se sert aujourd'hui, sont: la pierre d'Espagne, les crayons Conté gris et noirs, et la mine de plomb.

Les dessins pratiqués avec ces divers crayons, sont : 1° les dessins d'étude, hachés largement avec la pierre d'Espagne; 2° ceux hachés seulement et égrenés après avec les crayons Conté; 3° ceux égrenés seulement; 4° ceux pointillés sans estompe; 5° ceux estompés et pointillés; 6° ceux hachés sur une préparation d'estompe; 7° ceux estompés, retouchés au crayon, et rehaussés de blanc sur papier de couleur; 8° ceux à la mine de plomb; 9° ceux à la plume; 10° ceux enfin dessinés sur pierre calcaire avec des crayons lithographiques.

Définition de l'estompe.

On entend par estomper, mettre un dessin à l'effet en employant de la poussière d'un crayon mou et préparé exprès, qu'on appelle crayon velouté (1). On se sert, pour

(1) Le crayon velours est connu depuis peu : il est plus tendre et plus noir que les crayons Conté ordinaires, et s'écrase facilement; ceux préparés en crayons ronds sont ordinairement plus moelleux et meilleurs.

poser le noir sur le dessin, de rouleaux de peau, de papier, ou de liége, épointés par les deux bouts en forme de crayon; ces rouleaux s'appellent estompes, d'où est venu le terme d'estomper.

Quand on veut se servir de l'estompe, on trempe un des bouts dans la poudre du crayon afin de le charger de noir; et, frottant ensuite sur la partie du dessin qu'on veut ombrer, on pose ainsi cette poussière sur le papier, en adoucissant autant qu'on veut avec l'autre côté de l'estompe, qu'on a pour cet effet attention de ne point salir. Les estompes de papier ou de liége servent à fixer le noir sur l'ouvrage; et celles en peau, pour fondre et enlever le noir quand il y en a trop.

L'estompe, à cause de l'extrême fonte dont elle est susceptible, ne saurait convenir au paysage que pour les ciels, si elle n'était retouchée au crayon.

On a beaucoup perfectionné de nos jours les dessins à l'estompe et au crayon. Les ouvrages soignés dans ce genre, ont un moëlleux admirable. Plusieurs de nos artistes ont surpassé dans leur pointillé à l'estompe et au crayon la douceur et la suavité des plus belles gravures dans la manière noire.

On traite aussi le paysage à estompe sur papier de couleur; et après l'avoir retouché au crayon pour le feuillé des arbres, la touche des roches, etc., etc., on le rehausse avec des coups de blanc. L'estompe donne le moyen d'obtenir, dans un instant, l'effet d'un paysage pris d'après nature : le croquis étant achevé, on le met aussitôt à l'effet sans fondre les touches. Cette méthode est extrêmement expéditive, et nulle autre ne la saurait remplacer. L'estompe est usitée depuis la renaissance des arts. Les beaux cartons estompés à la sanguine et à la pierre noire, de

Léonard de Vinci, de Michel-Ange et de Raphaël, nous prouvent qu'ils faisaient un grand usage de l'estompe (1).

Application des dix manières de crayon propres aux trois classes de dessins.

Toutes les manières de crayon dont nous venons de parler peuvent se réduire à trois classes : la première renferme les genres de crayon propres à donner à un ouvrage un grand degré de fini, et avec lesquels une main savante peut, par l'heureux artifice de clair-obscur, rendre l'effet de la couleur : la deuxième classe comprend ceux qui, ne se prêtant qu'à une manière heurtée, sont propres à rendre, par la hardiesse de la touche et la promptitude de l'exécution, la première pensée de l'artiste : enfin la troisième classe renfermera ceux qu'on doit employer dans les dessins d'étude, afin de se former la main à une manière franche et hardie.

Définition des trois classes de dessins au crayon.

De cette division découle nécessairement trois genres de dessins bien distincts. 1° Les dessins finis et poussés au grand effet ; 2° les dessins croquis qui ne rendent que la première pensée de l'artiste, jetée à la hâte et à touche heurtée ; 3° les dessins d'étude propres à donner une belle manière de crayonner aux élèves qui les copient.

(1) Avant l'invention des crayons Conté, la manière d'estomper n'était point celle qu'on pratique à-présent. Ce procédé consistait à adoucir avec l'estompe les hachures du crayon en frottant sur ces hachures, jusqu'à ce qu'elles fussent presque effacées et fondues entre elles.

PREMIÈRE CLASSE.

Dessins finis et poussés à l'effet. — L'estompe et le pointillé. — Estompe et crayon sur papier de couleur rehaussé de blanc. — Pointillé sans estompe. — Crayon grené (1).

De l'estompe et du crayon pointillé.

De toutes les pratiques au crayon, celle au pointillé et à l'estompe est, sans contredit, la plus propre, par la douceur de la fonte et la vigueur des ombres, à traiter un paysage à l'effet, comme des nuits, des tempêtes, des incidents de lumières. Cette méthode a cependant le désavantage de faire perdre un temps précieux, à cause de la longueur de son exécution, qui, d'ailleurs, n'offrant rien de difficile, séduit ordinairement les élèves.

On ne doit estimer un ouvrage au pointillé, qu'autant qu'il a le mérite de l'invention. Celui qui, n'ayant point encore assez de connaissance du dessin pour copier la nature, emploie son temps à imiter des dessins pointillés, s'expose à ne pouvoir jamais acquérir une touche hardie; et l'artiste voit dans sa froide copie, au lieu de la preuve de quelque talent, celle d'une grande patience.

Dessins à l'estompe et au crayon, rehaussés de blanc, sur papier de couleur (2).

On exécute aussi le paysage au grand effet sur papier

---

(1) On n'a point parlé ici du lavis, parce qu'on en a fait une classe à part. Les dessins lavés sont très-beaux quand ils sont poussés au grand effet, et ce genre est susceptible d'un fini précieux.

(2) On peut traiter ces sortes de dessins en pointillant sur la

de couleur rehaussé avec des touches de blanc. La pratique de ce genre est absolument la même que la précédente ; elle exige aussi que le feuillé des arbres, les fabriques et les roches soient travaillés sur l'estompe, au crayon, en touchant au lieu de pointiller, afin de donner à ces objets cet esprit de touche qui caractérise spécialement le mérite du paysage.

Pointillé sans estompe.

On entend par pointiller un ouvrage au crayon, le mettre à l'effet par le moyen de petits points au lieu de hachures; on peut ainsi finir extrêmement un dessin, et le pousser à la vigueur. Dans le paysage, le pointillé ne peut guère être employé que pour les ciels et les mers de tempêtes, les autres parties devant être touchées avec esprit et hardiesse.

Le genre du pointillé sans estomper est le plus long et le plus nuisible aux personnes qui veulent acquérir une belle manière d'exécution. Les artistes doivent, autant que possible, interdire ce genre aux élèves commençants (1).

Du grené.

On appelle grener, obtenir les ombres et l'effet d'un dessin en employant de forts petits traits de crayon, et

---

préparation d'estompe, ou bien en grenant seulement. On exécute aussi ce genre sur papier blanc, en donnant, avant de passer l'estompe, quelques légères teintes colorées, et en terminant ensuite avec les deux crayons, ou bien en pointillant dessus avec les crayons noirs de Conté seulement. Cette manière de dessiner est peu usitée, et exige une main habile.

(1) Quelques personnes préparent leurs dessins avec des teintes de lavis, et terminent ensuite en pointillant. Cette méthode est excellente pour traiter les figures et les accessoires.

si rapprochés les uns des autres, qu'on ne puisse apercevoir au premier abord qu'une teinte égale. On peut de cette manière pousser un ouvrage à la vigueur. Ce genre n'est point usité parmi les artistes, à cause de sa longueur et de sa mollesse. Il est impossible de bien manier le crayon, si, entraîné par la facilité de réussir à grener, on a le mauvais goût de se livrer à ce genre d'exécution.

Le grené ne doit être employé dans les dessins d'étude, que pour égaliser et remplir les vides laissés par le croisé des hachures.

DEUXIÈME CLASSE.

Dessins touchés avec hardiesse à l'effet. — Dessins croqués (1). — Dessins hachés sur préparation à l'estompe. — Dessins hachés. — Dessins à la mine de plomb. — Dessins à la plume. — Dessins lithographiés.

Dessins hachés sur préparation d'estompe.

Ce genre est très-hardi : aucun autre n'est plus propre à fixer promptement l'effet du clair-obscur, et à seconder l'inspiration de l'artiste qui compose. Quelques hachures, jetées à propos sur la préparation à l'estompe, arrêtent assez les contours et la touche des objets, pour donner à ces dessins le degré de fini qui leur convient. Les dessinateurs jettent ordinairement ainsi sur le papier leur

(1) Les dessins, esquissés quand ils sont d'un grand maître, sont traités avec un feu et une hardiesse qui leur donnent le plus grand prix aux yeux des connaisseurs, qui y voient le caractère du peintre et le génie de l'inspiration.

première pensée : quelques-uns emploient, dans ces sortes de dessins heurtés, des papiers de couleur qu'ils rehaussent ensuite avec des coups de blanc (1).

Dessins hachés à la pierre noire.

La pierre noire peut servir à traiter un ouvrage croqué; son ton grisâtre, peu propre à pousser à l'effet, se prête à donner ces touches libres et franches qui caractérisent la main de l'artiste.

Dessins à la mine de plomb.

La mine de plomb a servi de tous les temps aux dessins croqués, soit à cause de la facilité qu'on trouve à se la procurer, soit à cause de son ton vaporeux, ou enfin à cause de l'avantage qu'elle a de ne point s'effacer aussi facilement que les autres crayons. Les croquis à la mine de plomb doivent indiquer légèrement l'effet, en plaçant avec esprit quelques traits sur les objets; souvent même on ne trace que de simples traits, en les fouillant à propos afin de leur donner plus de grace (2).

De la plume.

Les dessins à la plume rendent admirablement l'esprit et le goût de celui qui les traite. On apprend à bien manier la plume, en copiant d'abord de bonnes gravures; celles sur-tout exécutées par les Carrache, sont d'excel-

---

(1) Ces rehauts peuvent se donner au crayon blanc, ou avec du blanc délayé à la gomme afin de le fixer davantage.

(2) Nous conseillons aux élèves de faire beaucoup de croquis à la mine de plomb; rien n'est plus propre à donner cette hardiesse et cette finesse de touche qui leur est indispensable dans les études de paysage.

lentes études. Ce genre peut atteindre une grande finesse d'exécution. Les plumes dont on se sert sont celles de corbeau ; on leur donne différentes tailles suivant les touches que l'on veut obtenir : elles doivent être extrêmement fines pour les hachures courbes ou droites, qui doivent être épaissies par le milieu et fondues aux extrémités. On trace quelquefois ces hachures au crayon, pour servir de guide. Les hachures tremblées exigent une taille plus grosse, en l'obliquant du côté de la main gauche. Dans certains genres de dessins, on peut retoucher et reprendre les hachures en les épaississant plus ou moins selon qu'il est nécessaire.

L'encre de la Chine est employée ordinairement dans les dessins à la plume. La plus commune est la meilleure, parce qu'elle est plus noire ; on en diminue le ton quand on traite les lointains, dont les traits doivent être plus subtils.

Nous avons des Carrache et de Léonard de Vinci, d'admirables ouvrages dans ce genre, touchés avec tant de hardiesse et d'esprit, qu'il serait téméraire, disons même impossible, de rendre dans une copie l'inspiration qui les créa.

Dessins lithographiques sur pierre calcaire.

L'invention de la lithographie, ou l'art de dessiner sur pierre, a été trouvée depuis quelques années en Allemagne, et vient d'être tout récemment apportée en France. Déja le grand nombre de dessins sortis des presses de MM. Lasterie et Angelman, prouvent de quelle utilité et de quelle importance cette belle découverte peut être pour les arts. Elle ouvre une nouvelle carrière aux dessinateurs, qui voyaient souvent mal rendue la hardiesse et la franchise de la touche de leurs dessins, par le mécanisme de quelques genres de gravures. De quel immense intérêt ne doit donc pas être à leurs yeux cet art qui, en les mettant à même de publier leurs productions, leur donne les moyens d'augmenter leur réputation en augmentant aussi les jouissances du public (1)!

La pierre employée pour les dessins lithographiques est un calcaire d'un grain fin (2), et auquel on a donné le degré de poli du papier. On dessine ensuite sur cette pierre à la plume ou au crayon, avec de l'encre et des crayons composés exprès. Quand le dessin est achevé, on lui fait subir une préparation qui, empêchant, pendant le tirage, le noir d'impression d'avoir prise sur tout autre endroit que sur les traits du dessin, donne la facilité, en le soumettant à l'action d'une presse, d'en obtenir les mêmes résultats que pour les gravures ordinaires.

Préparation des pierres.

On dresse les pierres, en les frottant l'une sur l'autre, après avoir mis entre elles du sable et de l'eau : lorsqu'on veut tracer dessus, il faut détruire tout-à-fait le grain

---

(1) Quoique la lithographie appartienne, par ses résultats, davantage à la gravure qu'au dessin, cependant, comme ce procédé est le même que celui du crayon sur papier, nous croyons devoir en parler ici, mais en ne citant que les détails relatifs à la manière de dessiner sur pierre, sans parler du tirage des épreuves et de la préparation des papiers autographiques, cette partie appartenant directement à la gravure. Les presses lithographiques se multipliant de jour en jour, et le procédé du tirage exigeant une étude particulière, nous pensons que les dessinateurs préféreront sans doute faire tirer les épreuves de leurs dessins aux presses publiques.

(2) On en a trouvé des carrières en France.

du sable avec de la pierre de ponce et de l'eau, et terminer ce travail avec du vieux linge.

Comment il faut dessiner sur la pierre.

La première attention qu'on doit avoir en dessinant sur la pierre, est d'observer la plus grande propreté : le doigt imprégné de sueur, ou la salive, formeraient une tache qu'on ne pourrait plus faire disparaître. Le dessin au crayon, sur la pierre, a beaucoup de ressemblançe avec ceux que l'on fait sur le papier. Quant au dessin graphique il dépend de l'homogénéité de la pierre, provenant de son grain, ou du poli qu'on lui a donné. Il faut beaucoup d'habitude pour connaître le degré convenable. Si la pierre était trop polie, les traits se feraient avec facilité; mais, lors du tirage, on ne pourrait plus charger d'encre, parce que le rouleau, ne trouvant plus assez de point d'appui sur la pierre mouillée, glisserait au lieu de rouler, et entraînerait l'encre au lieu de l'abandonner sur le dessin. Si au contraire la pierre n'était pas assez polie, le tirage s'opérerait plus aisément, mais les traits seraient inégaux et grossiers (1).

Préparation de la pierre après le tracer.

Après avoir dessiné sur la pierre, il faut laisser un peu sécher le dessin, puis verser sur la pierre, en l'inclinant légèrement, un mélange d'eau et d'acide nitrique. Il est nécessaire que ce mélange ne fasse effervescence que quelques secondes après avoir été mis sur la surface du dessin;

---

(1) Il est à remarquer qu'on doit (dans le trait à la plume) employer de l'encre très-noire, les épreuves sortant alors avec beaucoup plus de netteté.

on lave ensuite à grande eau, puis on étend sur la pierre, placée dans une position horizontale, une dissolution de gomme arabique à consistance d'huile, et on laisse sécher.

Composition du noir d'impression.

On mêle une partie en volume de noir d'Allemagne ou indigo avec de *l'huile de lin à une flamme*, en quantité suffisante pour qu'on puisse broyer parfaitement le noir; on y ajoute quatre parties de noir de fumée et une quantité suffisante d'*huile de lin à la deuxième flamme*. On broie de nouveau, de telle sorte que l'encre soit très-ferme et brillante dans sa cassure.

Composition de l'encre et du crayon.

CRAYON.		ENCRE.	
Une partie	de savon gras.	1 + $\frac{1}{3}$ savon.	Portions en poids.
Une *id.*	de cire.	1 + $\frac{1}{4}$ cire vierge.	
Une *id.*	de graisse de suif.	1 + $\frac{1}{4}$ graisse.	
Une *id.*	de gomme laque.	1 — gomme laque.	

On met le suif, et la cire sur le feu dans un vase en fer; on la laisse enflammer, et l'on y jette le savon par petits morceaux; on y projette également la gomme, mais après avoir éteint la flamme; on ajoute le noir qui doit être calciné, et ce volume égal à celui du mélange. Enfin on coule le tout sur une plaque de tôle, on remue le mélange; et après avoir fait fondre le tout très-doucement pour éviter les bulles, on le coule de nouveau en lui donnant la forme des crayons ordinaires (1).

(1) Nous renvoyons les personnes qui desirent connaître dans de plus grands détails la construction de la presse lithographique,

TROISIÈME CLASSE.

Dessins d'études. — Dessins à grandes hachures, à la pierre d'Espagne. — Dessins hachés et grenés au crayon Conté. — Dessins à l'estompe et hachés par-dessus.

Dessins hachés à la pierre d'Espagne.

On entend par hachures, en terme de dessin, placer les demi-teintes et les ombres d'un objet avec des traits de crayon assez rapprochés les uns des autres, disposés parallèlement, et sur lesquels on en remet encore en croisant sur les premiers, de manière à former des losanges. Les hachures doivent toujours suivre la courbure des formes de l'objet que l'on ombre. Quand la préparation aux hachures est terminée, on achève de pousser le dessin au ton en remplissant et égalisant les vides laissés par le croisé des hachures, en grenant dessus, mais de manière cependant que les teintes du grené ne fassent point entièrement disparaître les hachures, sans lesquelles un dessin d'étude n'a point de prix.

La pierre noire d'Espagne est très-bonne pour les ouvrages hachés, à cause du moëlleux dont elle est susceptible. Plusieurs maîtres de notre école donnent à la pierre noire la préférence sur les crayons Conté. On peut avec la pierre d'Espagne, quand elle est bonne, terminer un ouvrage en multipliant le croisé des hachures, sans être obligé d'égrener dessus.

---

la préparation des papiers autographiques, et les divers moyens qu'il faut employer pour tirer les épreuves, aux ouvrages qui viennent d'être publiés à ce sujet.

Dessins hachés et égrenés au crayon Conté.

La touche par hachures étant la base de toutes les autres, les élèves doivent s'y exercer de bonne heure : elle exige de la hardiesse quand elle est fermement exécutée, et que les hachures en sont longues, moëlleuses, et croisées avec pureté (1).

Pour jeter de belles hachures, il est nécessaire de se servir d'un crayon taillé par le bout en forme de ciseau : on l'emploie en traçant d'abord légèrement et avec pureté les hachures avec le tranchant ; on croise ensuite dessus en formant des losanges, et dirigeant toujours les hachures suivant la forme de l'objet qu'on dessine : un simple croisé suffit ordinairement ; on reprend ensuite chaque hachure en l'épaississant et la chargeant de noir, suivant que le ton de l'ouvrage l'exige. On termine enfin en passant en forme de grené et toujours avec le crayon plat, alternativement entre les hachures et dessus, afin de les conserver jusqu'au dernier fini. Cette manière de crayon est très-belle pour les études aux hachures. On peut, si l'on veut, soigner davantage son ouvrage en le retouchant avec le crayon pointu, mais seulement pour égaliser et sans faire disparaître les hachures. Ce genre est sur-tout propre aux crayons Conté.

(2) Les excellents modèles répandus dans les académies de dessin, et exécutés par nos maîtres d'après les plus beaux antiques et les chefs-d'œuvré des diverses

---

(1) Il est une infinité de manières de pratiquer les ouvrages au crayon : nous n'indiquerons ici que celles qui nous paraissent les plus propres à former de bons dessinateurs.

(2) Les études gravées à la manière hachée, par Reverdin, sont les meilleurs modèles qu'on puisse avoir dans ce genre.

écoles, ne peuvent qu'atteindre ce double but, de donner aux élèves une belle touche de crayon, et leur inspirer en même temps le goût de cette correction et de cette pureté de formes qui firent la gloire des artistes grecs, et qui donnent de nos jours à l'école française le premier rang sur toutes les autres.

Dessins hachés sans grené sur préparation d'estompe (1).

Cette manière de dessiner est très-hardie, et nécessaire dans les premières études du crayon, quand l'élève est parvenu à la bosse.

On distingue deux manières de hacher sur l'estompe : la première exige que l'estompe soit très-soignée avant de placer dessus les hachures, qui doivent alors être tracées avec beaucoup de soin et de franchise sans le secours du grené, qui est remplacé par l'estompe posée dessous. La deuxième manière permet au contraire de négliger le travail de l'estompe; et alors les hachures posées dessus doivent être soutenues par un grené mis largement, afin d'égaliser les taches causées par le peu de soin de la première préparation d'estompe. Chacune de ces deux manières est très-usitée sur-tout dans les dessins d'après nature. L'estompe seule serait aussi bonne à rendre l'effet et la dégradation insensible de la lumière sur les reliefs de la bosse, si elle n'excluait entièrement la touche, qui doit être le but des premières études, puisqu'elle est nécessaire à tous les genres, et sur-tout indispensable à l'élève qui se destine au paysage (2).

---

(1) Le genre peut se traiter indistinctement avec la pierre noire ou les crayons Conté.

(2) L'usage de dessiner la bosse à l'estompe seulement, est em-

De la peinture à l'huile.

La peinture à l'huile tient le premier rang parmi toutes les autres manières de peindre, à cause de sa durée, de la beauté de son coloris, de la délicatesse d'exécution dont elle est susceptible, et de la vigueur et la transparence de ses ombres : la découverte de la peinture à l'huile fut faite dans le quatorzième siècle, par Jean Waniek, plus généralement connu sous le nom de Jean de Bruges. Les couleurs employées dans ce genre de peinture sont toutes minérales (1), excepté les styls de grain et la laque. On s'en sert après les avoir broyées premièrement à l'eau, et ensuite avec de la belle huile de noix ou d'œillet. Cette dernière est préférable à cause de sa blancheur. On reproche aux tableaux à l'huile de reluire et de pousser au noir, à la suite des temps; les ouvrages des maîtres de l'école flamande nous prouvent qu'on peut remédier à ce dernier défaut en apportant beaucoup de soin à la préparation chimique des couleurs et à la qualité des huiles clarifiées, dont on se sert ordinairement. On peint à l'huile sur tous les corps possibles, mais particulièrement sur toile, sur bois et sur cuivre. Quand l'ouvrage est bien sec, on le couvre d'un vernis, afin de faire revivre les embus de la couleur. Cette manière de peindre n'a point été connue des anciens, et est appropriée particulière-

---

ployé dans plusieurs ateliers; mais ce procédé est extrêmement long quand on veut soigner l'estompe.

(1) Il faut entendre minéral métallique. De nos jours la chimie a donné à la peinture plusieurs couleurs inconnues autrefois : ces couleurs sont, le blanc d'argent, le beau bleu de cobalt, et les divers jaunes extraits du cromate de plomb. etc.. etc.

ment dans le paysage, au genre historique, aux marines, et aux vues pittoresques (1).

De la gouache.

La gouache emploie à-peu-près les mêmes couleurs que la peinture à l'huile, excepté qu'elles sont délayées avec de l'eau gommée. Il est très-difficile de bien traiter la gouache, à cause de la promptitude et de la franchise avec laquelle il faut poser les teintes (2), ce qui exige une main habile à la touche du paysage. La gouache a l'avantage de ne point noircir; mais les couleurs gouachées sont ordinairement un peu crues, et les ombres manquent de transparence. Cette manière de peindre n'est propre qu'au paysage, à la marine, et aux vues pittoresques. On peint en gouachant sur papier, sur parchemin et sur toile préparée. Quelques grands paysagistes ont laissé des ouvrages en ce genre extrêmement appréciés des connaisseurs.

De la détrempe.

On se sert à la détrempe de toutes sortes de couleurs; elles doivent être délayées à la colle avant de les employer. Cette sorte de peinture demande une grande pra-

---

(1) Nous n'entrons dans aucun détail pratique sur la peinture à l'huile, nous réservant d'en traiter en particulier : notre but d'ailleurs n'est ici que de donner une idée générale des divers genres de paysages et de peintures qui lui sont propres.

Nous n'avons point parlé non plus des tableaux de fleurs, ces imitations se rattachant particulièrement au genre appelé *nature morte*.

(2) Il existe des moyens qui donnent la facilité de fondre les teintes gouachées; ils sont sur-tout très-nécessaires dans l'exécution des ciels.

tique de la part du peintre, afin de bien connaître le changement qu'éprouvent les couleurs en se séchant. Ici, comme à la gouache, il est fort difficile de fondre les teintes; on n'y peut parvenir qu'après un long exercice. Les ouvrages à la détrempe ne reluisent point, et peuvent être vus par tous les jours, ce qui n'arrive pas aux tableaux à l'huile, qui ont le désavantage de ne pouvoir être regardés que d'un seul endroit à cause du reluisant de la couleur. On peint à la détrempe sur toile, sur bois, et sur des murs qui n'ont point été enduits de chaux.

La détrempe est particulièrement employée dans les ornements d'intérieur, et sur-tout pour les décorations de théâtre (1).

De l'aquarelle.

L'aquarelle n'est autre chose qu'un lavis colorié. Les couleurs les plus usitées dans l'aquarelle, sont: la gomme gutte, le carmin, la laque, l'outremer, le cobalt, l'indigo, la terre de Sienne, la seppia, l'encre de la Chine. Le blanc n'entre point dans l'aquarelle; la couleur du papier en tient lieu. Pour colorier ainsi un dessin déja lavé à l'encre de la Chine, il est nécessaire que les teintes qu'on veut employer soient assez transparentes pour laisser apercevoir en dessous les ombres données par le lavis. On ne colorie le plus souvent ainsi que des croquis, des plantes, des fleurs et des vues de côtes. Les objets peints à l'aquarelle doivent offrir le ton de couleur que donne ordinairement la chambre noire (2).

---

(1) Les peintres d'Italie ont traité la détrempe sur papier: cet usage est peu pratiqué parmi nous, excepté pour les papiers peints.

(2) On a, depuis Robert et Fragonard, changé la manière propre

Du lavis (32).

Le lavis est un dessin obtenu par des teintes d'encre de Chine détrempée à l'eau, et posées avec un pinceau sur du papier assez gommé pour donner le temps au dessinateur de fondre les teintes autant que le sujet l'exige. Le papier sur lequel on veut laver doit être tendu. On y trace ensuite au trait, au crayon ou à la plume, le contour des objets qu'on veut représenter; et après avoir posé la teinte sur la partie du dessin qu'on veut ombrer, on

---

à l'aquarelle, en voulant la pousser à une grande vigueur. Mais on est obligé alors d'employer des moyens qui tiennent plutôt à la gouache qu'au genre propre de l'aquarelle, qui doit être préparé à l'encre de la Chine plutôt qu'à la seppia.

(1) Le papier dont on se sert pour laver est le papier vélin, et généralement celui de Hollande quand il est de bonne qualité : il est âpre et sec au tact; on le bonifie en passant dessus, avant de s'en servir, une légère décoction d'eau d'alun : il faut ne coller le papier qu'après l'avoir laissé bien imbiber d'eau, de manière qu'ayant perdu toute son élasticité, il ne fasse plus aucun pli ; on le fixe alors sur la planche avec la colle à bouche, en commençant par les quatre coins, collant ensuite les milieux, et enfin de milieu en milieu, jusqu'à ce qu'il soit entièrement collé. S'il y a quelque partie qui plisse, il faut attendre qu'en séchant, cette partie vienne adhérer contre la planche, et c'est dans ce moment qu'il faut coller. On doit observer aussi de ne jamais tirer le papier, et de le laisser tel qu'il s'est posé lui-même sur la planche. Il est impossible qu'une feuille de papier, tendue selon ce principe, puisse ni se déchirer ni se plisser.

Il faut encore avoir la précaution, si, voulant profiter de tout l'espace de la planche, on est obligé de coller le papier en-dessous, de couper un carré aux quatre angles du papier pour laisser ceux de la planche à vue : sans cette précaution, la feuille plissera aux quatre coins.

en fond aussitôt les bords avec un pinceau humecté avec de l'eau simplement.

Les dessins lavés sont d'autant plus moëlleux qu'ils ont été faits avec des teintes légères, placées par superposition jusqu'au point d'obtenir le plus grand noir que l'encre puisse donner. Le lavis est très-usité par les dessinateurs: il est susceptible d'une belle fonte; et il peut aussi se traiter en touchant seulement, et plaçant les tons les uns auprès des autres sans les fondre. Cette dernière manière le rend propre, par son expédition, aux croquis faits sur les lieux.

De la seppia.

On appelle seppia, une composition obtenue avec du noir de sèche mêlé avec de la colle de poisson, et travaillé en bâton. On se sert exactement de la seppia comme de l'encre de la Chine, avec cette seule différence qu'elle se prête moins à la fonte des teintes; aussi n'en fait-on usage ordinairement que dans les dessins traités à la manière des croquis. Les dessinateurs préfèrent donner à leurs ouvrages le ton de la seppia, à cause de sa teinte roussâtre beaucoup plus douce et plus chaude que le ton bleuâtre de l'encre de la Chine.

DEUXIÈME PARTIE.

Notions de perspective pour dessiner d'après nature avec exactitude.

De toutes les connaissances nécessaires au paysagiste, la perspective est, comme nous l'avons déja dit, celle dont il peut le moins se passer, puisqu'elle est la base de toute imitation exacte.

Les peintres modernes, comme les grands maîtres de l'antiquité, ont prouvé par leurs écrits et par une rigoureuse observation des lois de la perspective, qu'ils la considéraient comme la principale base de leur art. C'est en effet par elle qu'on parvient à obtenir, par un accord heureux de couleurs et de lignes, l'imitation presque magique des beautés de la nature.

L'œil exercé du dessinateur sait quelquefois copier fidèlement : mais sa vue peut l'égarer; et quel regret ne doit-il pas éprouver quand l'amateur éclairé lui montre dans son ouvrage des fautes qui le déparent, et qu'il n'est plus temps alors de pouvoir corriger!

La perspective est donc absolument indispensable; et l'on ne saurait recommander assez aux jeunes artistes d'éviter, par l'étude de cette science facile et récréative, les nombreuses erreurs auxquelles sont sujets ceux qui négligent de l'acquérir.

Nous diviserons en huit leçons ces notions de perspective linéaire. Dans la première nous définirons, le plus clairement et le plus succinctement possible, les termes et les axiomes de perspective sans lesquels les opérations de cette science deviennent inintelligibles. La seconde leçon enseignera les méthodes propres à pratiquer les représentations perspectives avec un géométral; la troisième donnera les pratiques avec lesquelles on peut élever en perspective toute sorte d'objets, avec ou sans le secours d'un géométral; la quatrième apprendra à représenter avec vérité les reflets dans l'eau ; la cinquième traitera des ombres portées suivant la position du soleil; dans la sixième nous traiterons de la perspective aérienne et des observations générales données sur cette science, par Léonard de Vinci; la septième indiquera comment il faut dessiner d'après nature selon les lois de la perspective, en se servant d'un instrument construit à l'effet de déterminer le point de vue, la ligne horizontale, et l'espace de terrain compris par les divers angles optiques, que l'on aura choisi pour son dessin; dans la huitième enfin, on trouvera la description de tous les instruments anciens et nouvellement inventés pour dessiner exactement d'après nature, sans le secours de la perspective pratique.

Ces huit leçons seront terminées par quelques idées sur le lavis des plans, et sur les couleurs de convention propres à représenter les différents objets qui entrent dans ces sortes de dessins coloriés.

PREMIÈRE LEÇON.

Définition de la perspective en général, et classification des termes et axiomes de cette science.

La perspective se divise en perspective linéaire et aérienne : la perspective linéaire enseigne à représenter les objets par le moyen des lignes; et la perspective aérienne apprend la dégradation de la lumière selon l'éloignement des objets, et les diverses modifications que les couleurs éprouvent par l'interposition des couches d'air placées entre l'œil du spectateur et ces objets (1).

De la vision.

Comme le mécanisme de la vision est la principale cause des changements de forme que les objets semblent éprouver, suivant la position d'où l'œil les considère, il est nécessaire, avant de passer aux définitions des termes employés dans la perspective linéaire, de donner une idée de la manière dont s'opère la vision suivant la construction de l'œil.

L'œil X (de la figure première) est tapissé dans le fond, de petits filaments composant la rétine *b d g h f c*, qui occupe moins de la moitié de son globe, et qui sert à réfléchir les objets qui viennent s'y peindre. A représente

(1) Il existe encore une perspective appelée curieuse; c'est une coupe de rayons opérés sur une vitre inclinée, convexe ou concave : cette perspective n'a qu'un seul point pour être observée afin de ne pas voir les objets défigurés par la courbure des rayons. Comme elle n'est pas d'un grand usage, nous n'en parlerons point ici.

la prunelle par où les rayons visuels viennent se croiser, pour arriver jusque dans l'œil.

La vision s'opère par les rayons visuels tirés de tous les points des objets à la prunelle de l'œil. Tous ces points, en se peignant dans la rétine, nous montrent l'image de ces objets.

Il est évident, d'après cela, que si l'œil fixe l'objet B C, les extrémités B et C de cet objet se représenteront dans l'œil de *c* en *b* tout-à-fait aux bords de la membrane. Mais l'angle B A C est droit; donc l'œil ne peut embrasser d'un seul regard plus d'un angle optique de 90°, comme on voit par l'angle N A M dont les côtés *n m*, ne tombent point sur la membrane, et ne peuvent par conséquent être aperçus par l'œil X. A-présent, si le même œil observe l'objet D F plus éloigné de lui, les points D et F se peindront de *f* en *d*. On conçoit que, dans cette position, toutes les parties de D F seront aperçues par l'œil avec plus de facilité que dans la position B C, dont il y a de la peine à saisir les extrémités. Si D F s'éloigne et prend la position G H, alors il verra les points G et H de *h* en *g*. Mais les parties de G H étant beaucoup diminuées, il les distinguera plus difficilement. D'où l'on voit que, pour considérer un objet, il ne faut en être ni trop près ni trop éloigné, et que, plus les objets s'éloignent, plus ils paraissent petits; ce qui fait que les lignes parallèles B G et C H paraîtront se rencontrer en un point si elles étaient prolongées suffisamment, puisque les angles optiques *c* A *b*, *f* A *d*, *h* A *g*, diminuent toujours quand les objets s'éloignent.

De l'angle optique.

On appelle angle optique, l'angle formé par deux rayons visuels qui, partant des deux extrémités d'un objet, parviennent à notre œil, comme les angles B A C, D A F, etc., (fig. 1re). Les angles optiques les plus usités en perspective sont ceux de 90°, de 70° et de 60° (1).

Les auteurs qui ont écrit sur la perspective, après avoir beaucoup discuté sur l'angle optique le plus favorable pour considérer les objets, n'ont rien arrêté à ce sujet. Comme on ne peut nier que certaines choses gagnent à être vues sous l'angle de 90°, et que d'autres au contraire perdent de leur grace si on en aperçoit les détails en les observant de trop près, il paraît plus raisonnable de laisser au dessinateur le choix de l'angle optique le plus propre à représenter agréablement le sujet qu'il veut traiter.

Du tableau.

Le tableau est considéré, en perspective, comme une vitre posée verticalement, à travers laquelle les objets qui sont placés derrière viennent se peindre ; cette représentation s'opère par la coupe, sur la vitre, des rayons partant de tous les points de ces objets et venant aboutir à l'œil du spectateur, qui alors est regardé comme un point d'où les objets sont aperçus.

Explication des termes employés dans la perspective.

On considère trois espèces de plans dans la perspective : le plan géométral Q P U R (fig. 2e), ce plan est perpendiculaire au tableau ; le plan horizontal E F G J, perpendiculaire au tableau et parallèle au géométral ; le plan

---

(1) Les personnes qui n'auraient point de connaissances en géométrie sont prévenues que, parmi les trois lettres employées pour énoncer un angle, celle du milieu en indique toujours le sommet.

vertical V N O M, perpendiculaire au tableau, au plan géométral et au plan horizontal.

On entend par la vitre, le tableau toujours placé perpendiculairement au géométral Q P U R, qui doit contenir les objets placés dessus et derrière le tableau, comme en X.

La ligne de terre C D est déterminée par la rencontre du plan du tableau avec le géométral.

La ligne horizontale S H est donnée par la rencontre d'un plan E F G J qui, passant par l'œil O du spectateur, est mené perpendiculairement à la vitre et parallèlement au plan géométral Q P U R.

Le point de vue V est le point de section de la perpendiculaire abaissée de l'œil O sur le plan du tableau. Elle est par conséquent comprise dans le plan horizontal; d'où l'on voit que le point de vue ne peut être pris que dans la ligne horizontale S H.

On appelle distance, l'éloignement du pied N du spectateur au tableau, comme ici N M; et on entend par point de distance, un point pris sur la ligne horizontale, autant éloigné du point de vue que le pied ou l'œil de l'observateur l'est du tableau. C'est pour pratiquer, comme on va voir, les représentations perspectives, que l'on porte cette distance sur l'horizon, et quelquefois même de l'un et de l'autre côté du point de vue (1).

Le terrain perspectif est l'espace S H C D compris dans le tableau, entre la ligne de terre et l'horizon.

---

(1) On considère en perspective, quatre espèces de distance: celle du spectateur au tableau, celle du tableau aux objets qui sont derrière sur le géométral, celle de l'éloignement vertical de l'apparence de ces objets à l'horizon, et celle de leur hauteur perpendiculaire.

Le point accidentel d'une ligne est le point où le tableau se trouve coupé par une ligne tirée de l'œil parallèlement à la ligne proposée, placée dans le géométral (1).

Points évanouissants : on a vu (dans la fig. 1re) que, par l'effet de la vision, deux lignes parallèles peuvent se rencontrer. On entend par point évanouissant, le point de rencontre, sur l'horizon, des lignes qui, faisant divers angles avec la base du tableau ou la ligne de terre, sont parallèles entre elles, et doivent par conséquent paraître se rencontrer en un point, qui est leur point évanouissant.

On considère trois espèces de points évanouissants : 1° celui des lignes qui sont perpendiculaires au plan du tableau (2), qui n'est autre chose que le point de vue ; 2° celui des lignes qui font un angle de 45° avec la ligne de terre, qui est le point de distance; et 3° celui des lignes qui forment des angles autres que ceux de 45° et 90°, qui peut se trouver sur tous les autres points de la ligne horizontale (3), excepté le point de vue et le point

---

(1) Souvent le point accidentel d'une ligne ne se trouve que sur la surface prolongée du tableau. Cela arrive quand l'inclinaison d'une ligne diffère peu de la position parallèle avec le tableau; alors le point de rencontre de la ligne menée de l'œil parallèlement à celle du géométral, se trouve fort éloigné.

(2) Puisque la ligne de distance P Y (figure 3e), et la ligne O P abaissée perpendiculairement de l'œil O au pied P de l'observateur, sont dans le plan vertical, nécessairement Y V est la section de ce plan avec le tableau, et passe par le point de vue V qui est donné par O V parallèle à P Y, et dans ce même plan O V P Y.

(3) Quand ces lignes sont dans des plans de niveau, leur point évanouissant ne peut être que l'horizon, puisqu'il est le terme de la plus grande étendue de la vue. Si ces lignes sont inclinées

de distance. On appelle ce point évanouissant, point accidentel, à cause des diverses positions qu'il peut prendre sur l'horizon, et en dessus ou en dessous de ce même horizon.

Axiomes de perspective, ou vérités fondées sur l'organisation de notre vue.

1° Toutes les lignes droites qui sont perpendiculaires au tableau, ont pour point évanouissant le point de vue, et iront s'y rencontrer si elles sont prolongées suffisamment. Car si la ligne X Y (fig. 3ᵉ) du géométral, est perpendiculaire à la ligne de terre T R, et que cette ligne étant prolongée passe par le pied P du spectateur, alors si du point Y où elle rencontre T R, j'élève la perpendiculaire YV, Y V passera nécessairement par le point de vue, et sera la représentation dans le tableau de YX. A présent, si je mène dans le géométral une ligne I S, parallèle à Y X, nous avons vu (fig. 1ʳᵉ) que ces parallèles doivent se rencontrer: mais une d'elles, Y X, passe par le point de vue; donc S I doit aussi passer par ce point, comme on voit par S V. 2° Toutes les lignes qui font avec le tableau un angle demi-droit ou de 45°, ont pour point évanouissant l'un des points de distance (1). Car si R Z fait avec TR un angle de 45°, étant prolongée elle passera nécessairement par le pied P, puisque nous supposons l'angle en

---

par rapport au niveau du terrain en dessus ou en dessous de la ligne horizontale, et dans des plans non parallèles au tableau, alors leur point accidentel se trouvera placé en dessous ou en dessus de l'horizon, dans la perpendiculaire de leur plan respectif qui est toujours de niveau.

(1) Il faut entendre que ces lignes doivent être placées sur des plans de niveau comme le géométral.

P droit. Élevant par la rencontre en R, la perpendiculaire RG, R G sera l'apparence, dans le tableau, de R Z; mais V G étant égal à l'éloignement du pied P du spectateur au tableau, est le point de distance; d'où l'on voit que les lignes qui font un angle demi-droit avec la ligne de terre, passent par un des points de distance (1). Si je mène une parallèle NM à RZ, ces parallèles devront se rencontrer; N G, représentation de NM, passera nécessairement par le point G, ainsi que toute autre parallèle à RZ qu'on voudrait mener. 3° Toutes les lignes parallèles à la ligne de terre, comme 1, 2, (fig. 3e), n'ont aucun point accidentel, parce que leurs apparences dans le tableau sont toujours parallèles (2). Toutes les lignes droites, perpendiculaires au plan géométral, comme 3, 4, sont aussi perpendiculaires à l'horizon du tableau, et conservent leur parallélisme dans les apparences perspectives.

Hormis les parallèles citées 1° et 2°, qui passent par des points déterminés, et celles citées en 3° et 4°, dont les apparences sont toujours parallèles dans le tableau, toutes autres lignes qui sont parallèles se rencontrent en perspective dans le tableau à un même point acci-

---

(1) Pour concevoir cette figure, supposez que l'angle optique T P R est droit, et que par conséquent la distance P Y est égale à Y R ou V G son égale. Le point G est alors le point de distance. Car, si dans un triangle rectangle on abaisse du sommet de l'angle droit P une perpendiculaire P Y sur l'hypothénuse, qui est ici la ligne de terre T R, les deux parties T Y et Y R de l'hypothénuse seront, chacune, égales à la perpendiculaire, qui est ici la distance P Y ou O V son égale comme parallèles comprises entre parallèles.

(2) Il est nécessaire d'expliquer que ces lignes peuvent aussi faire des angles avec la ligne de terre et l'horizon; mais elles conserveront leur parallélisme, si elles sont dans des plans parallèles au tableau.

dentel, et y passent si elles sont prolongées suffisamment.

Définir l'apparence d'un objet (fig. 4e).

La représentation ou l'apparence d'un objet est un point où le tableau se trouve coupé par une ligne droite tirée de l'œil au point de l'objet proposé. Ainsi, si des points F H de la ligne F H je mène des rayons à l'œil, les sections *f h* données sur le tableau par ces rayons me donneront *f h* pour la représentation perspective de F H.

D'où l'on voit, que tous les objets qui sont plus bas que l'œil ou que l'horizon, sont représentés dans le tableau en dessous de l'horizon, comme la ligne *l r*; et le contraire pour ceux qui sont en dessus, comme le point F en *f*. Tous les objets qui, à l'égard de l'œil, sont à droite du point de vue ou du plan vertical V N O P, doivent être placés à la droite de la ligne verticale V N, et le contraire pour ceux placés vers la gauche.

De la grandeur du tableau.

Tout tableau, d'après ce qui a été dit (fig. 1re), et comme on peut s'en convaincre (fig. 5e), doit être compris dans la circonférence D I C 2, qui sert de base au cône D I C 2 o formé par les rayons visuels partant de l'œil qui en est le sommet. Si le tableau était plus grand, et qu'au lieu d'être inscrit dans la circonférence comme 3 4 5 6, il fût circonscrit à cette même circonférence comme en Z Y R S, il est évident que le plus grand espace que l'œil pourrait apercevoir se bornerait aux points D 2 C I, et qu'il ne pourrait observer les coins 5 6 3 4 (1).

(1) C'est en réunissant ensemble les parties de l'horizon que l'œil découvre alternativement, qu'on obtient les vues de Pano-

De la plus courte distance.

On voit par cette figure cinquième que la distance la plus courte que l'on puisse choisir pour observer de près et distinctement toutes les parties d'un objet, est celle donnée par l'angle optique droit D O C; et, dans ce cas, le rayon V B (fig. 6e) de la circonférence égalant l'éloignement V O du spectateur au tableau, cette distance ne peut être portée sur l'horizon quand le point de vue est placé au milieu du tableau, et elle ne peut être contenue que sur son prolongement vers C ou vers D, ou encore depuis les coins les plus éloignés du point de vue jusqu'à ce même point de vue, comme on voit par V B : à plus forte raison un angle moindre que 90° ne pourrait avoir sa distance portée sur l'horizon. On peut s'en convaincre par le plus grand éloignement de la distance V P, appartenant à l'angle D P C, portée sur le point X de l'horizon prolongé.

Il semblerait par cette construction que, le point de vue étant au centre du tableau, l'horizon doit partager tout le tableau en deux parties égales. Nous observons à ce sujet, que si dans quelques cas, cette disposition du point de vue est employée, elle n'est point agréable à l'œil, et que l'on est libre de fixer l'horizon à la hauteur que l'on desire, en remontant la ligne de terre comme en 1, 6, (fig. 6e), par exemple. En général les tableaux dans lesquels la ligne horizontale est peu élevée, sont d'un aspect plus gracieux (1).

---

rama : on conçoit qu'il faut autant de regards pour saisir tous les objets représentés dans ces peintures, que le peintre a employé d'angles optiques, pour apercevoir l'horizon entier.

(1) Les auteurs qui ont écrit sur la perspective ont oublié de

Comment on doit déterminer le point de vue d'un tableau.

Il n'y a point de règle précise pour placer le point de vue dans un tableau. Sa place se trouvant déterminée par la position de l'œil du dessinateur, c'est à lui à faire en sorte d'apercevoir les objets qu'il veut faire entrer dans son ouvrage, de manière à les y présenter sous l'aspect le plus favorable.

La place qui semble naturellement la plus convenable au point de vue est le milieu de la ligne horizontale. Cependant plusieurs maîtres l'ont généralement placé vers un des côtés du tableau; cette position offre l'avantage de pouvoir porter la distance sur l'horizon sans qu'il soit nécessaire de le prolonger, ce qui facilite beaucoup les opérations de perspective. Il est certains tableaux dans lesquels il est absolument nécessaire de placer le point de vue à la hauteur de l'œil de la personne qui les considère. Ces sortes de peintures représentent ordinairement des morceaux d'architecture comme, par exemple, la continuité d'une galerie, la vue d'une place publique, d'un jardin; et le terrain perspectif de ces tableaux devant figurer la continuité du sol réel, l'horizon doit être, à cet effet, placé à six pieds environ d'élé-

---

faire observer que, dans le cas où le tableau serait de forme ronde, les rayons visuels de l'angle droit pouvant alors embrasser toute sa surface, la plus courte distance pourrait y être contenue comme O V, portée sur l'horizon en V C (fig. 6e).

Comme il est toujours nécessaire, pour pratiquer, de porter la distance sur l'horizon prolongé, nous la supposerons, dans les leçons suivantes, dans le tableau même, quoique la chose ne puisse être comme on vient de voir; mais c'est à cause de la petitesse des planches, que l'on le suppose ordinairement ainsi.

vation, afin que la perpendiculaire abaissée de l'œil du spectateur puisse tomber sur cet horizon au point de vue ou le plus près possible, ne pouvant en déterminer la hauteur fixe à cause des diverses tailles des spectateurs.

Les décorations de théâtre, se trouvant aussi dans le cas des exemples que nous venons de citer, ont ordinairement leur point de vue placé au milieu de l'amphithéâtre, environ à trois pieds d'élévation au-dessus du niveau de cet amphithéâtre, afin que le terrain perspectif de la toile du fond paraisse autant que possible, au spectateur assis, la continuité du terrain du parquet.

On sent cependant combien cette disposition du point de vue dans les perspectives de théâtre est loin de remplir le but qu'on se propose, puisqu'il n'y a tout au plus dans la salle que vingt ou trente personnes, placées au point de vue ou sur sa perpendiculaire, qui puissent jouir de l'illusion de la perspective; tous les autres spectateurs s'apercevront plus ou moins de la non-continuité des lignes, et de la brisure des entablements d'architecture, représentés sur les coulisses. Les décorateurs habiles parent quelquefois à cet inconvénient en diminuant autant que possible le nombre des coulisses et souvent même en les supprimant tout-à-fait, dans les décorations d'intérieur, et les remplaçant par des toiles placées latéralement au fond, comme je l'ai vu pratiquer avec beaucoup de succès sur plusieurs théâtres.

Dans les tableaux de bataille dont les fonds sont pris à vol d'oiseau pour représenter une grande étendue de pays, le point de vue et la ligne horizontale doivent être placés dans une position fort élevée. Ces sortes d'ouvrages présentent une difficulté qu'il est presque impossible à l'artiste de surmonter: car les divers agencements de figures qui forment la composition de ces tableaux devant être vus et représentés de la manière la plus pittoresque, le dessinateur se trouve obligé de ne point assujettir ses groupes au point de vue donné par le programme, car, s'il représentait les figures de son tableau vues par l'œil aussi élevé qu'il a dû l'être pour découvrir tout le paysage qui leur sert de fond, ces figures ne seraient que des raccourcis difformes et sans graces : le peintre est donc obligé de supposer ses personnages sous un autre point de vue que celui du lointain, ce qui est très-défectueux. Ce défaut devient d'autant plus sensible que les figures sont d'une plus grande dimension, et que le point de distance est plus rapproché, comme on est contraint de le choisir dans ce dernier cas. L'horizon paraissant alors placé à une grande élévation au-dessus des figures, l'œil le moins exercé s'aperçoit qu'elles ne sont point faites pour le sol sur lequel on a voulu les placer.

De la hauteur de l'horizon dans le tableau.

Il en est de la hauteur de l'horizon d'un tableau comme de la place du point de vue ; elle est subordonnée au sujet qu'on veut représenter, et au plus ou moins de terrain qu'on veut représenter.

Cependant, si le dessinateur n'est point contraint par un sujet donné, nous pensons qu'il doit fixer la ligne horizontale vers le tiers du tableau, et faire en sorte de placer son ouvrage de manière que l'œil de l'observateur, en le considérant, puisse se trouver le plus rapproché possible de la hauteur de l'horizon du tableau, afin qu'il en aperçoive les détails comme ils ont été vus quand on les a peints (1).

(1) C'es principalement pour faire en sorte que le rayon visuel

La ligne horizontale ne pouvant contenir, comme on vient de voir, l'éloignement du spectateur au tableau, et cette distance étant absolument nécessaire dans les opérations de perspective, et devant même être portée quelquefois à droite ou à gauche du point de vue, on prolonge à cet effet la ligne horizontale par le moyen d'une règle ou d'un cordeau, et on opère alors avec la vraie distance.

Des lignes qui font un angle demi-droit ou de 45°.

Quoique l'expérience ait prouvé que les lignes qui font un angle de 45° avec la ligne de terre du tableau ont pour point évanouissant ou de rencontre l'un des points de distance, il n'est pas aussi facile de se convaincre de cette vérité que de l'axiome qui concerne les lignes parallèles qui font un angle droit avec la surface du tableau, et qui vont toutes passer par le point de vue si elles sont prolongées suffisamment : c'est pour ne laisser aucun doute à ce sujet, que j'ai imaginé la démonstration qu'on va voir et qui, je pense, doit ôter toute incertitude aux personnes qui auraient pu ne pas comprendre cette vérité.

Démonstration (1).

Soit la circonférence XX (fig. 7e) base du cône visuel formé par l'ouverture de l'angle droit A S H; D E T R, le

---

du spectateur tombe le plus perpendiculairement possible sur la ligne horizontale, que l'on incline les grands tableaux qui, par la place qu'ils occupent, ont mis le peintre dans l'impossibilité de placer l'horizon à hauteur de l'œil des personnes qui les considèrent.

(1) Cette démonstration est purement géométrique ; mais elle

tableau inscrit; S, l'œil de l'observateur; S V, la distance du tableau; V, le point de vue; et 1, 2, son horizon.

Maintenant, si je porte la distance V S sur la ligne horizontale, le point S tombera en H sur un des points de la circonférence, comme rayons d'un même cercle. Le point H sera donc le point de distance figuratif du tableau D E T R.

Joignant ensuite le point H et le point S par la ligne S H, nous aurons le triangle V S H posé perpendiculairement au tableau, puisque le rayon visuel est censé dans cette figure être perpendiculaire au plan du tableau D E T R en V; donc les trois côtés V S, S H, H V de ce triangle, sont compris dans le plan horizontale passant par conséquent par la ligne horizontale 1, 2.

Dans un triangle, aux côtés égaux sont opposés des angles égaux; donc aux côtés égaux comme rayons, V S et V H, sont opposés les angles en S et en H égaux. Mais l'angle V S H est de 45°, comme moitié de l'angle droit A S H; donc l'angle V H S, son égal, est aussi de 45°, la ligne H S fait donc un angle de 45° : avec la surface du tableau. De plus, cette ligne passe par le point de distance H; et c'est ce qu'il fallait démontrer.

Cet exemple était pour la plus courte distance donnée par l'ouverture de l'angle optique droit; mais on peut aisément se convaincre que, par une plus grande distance, comme en Z par exemple, le résultat de cette opération est toujours le même. Car en portant Z V sur l'horizon prolongé jusqu'en Y, et joignant ensuite le point Y avec le point Z, le triangle V Z Y fournit ab-

---

offre l'avantage de pouvoir être entendue par tout le monde, puisqu'on peut s'assurer de son résultat avec la règle et le compas.

solument la même conclusion que celui du premier exemple.

Cette figure fait bien entendre comment les côtés A S et S H de l'angle optique A S H ne peuvent jamais embrasser les extrémités de la ligne horizontale A H, ou de la ligne de terre qui lui est égale et parallèle quand l'angle optique est droit; car si les points A et H des côtés de l'angle optique embrassaient tout l'horizon, et que par ces points A et H j'élève les côtés 4 6, 5 7, du tableau 4, 6, 7, 5, la distance S V pourrait alors être portée de V en H. Mais, si l'on décrit avec le rayon V H la circonférence X X base du cône, on verra que ce nouveau tableau 4, 5, 6, 7, au lieu d'être inscrit dedans, se trouve circonscrit; et, dans ce cas, les objets compris dans les quatre angles du tableau ne peuvent être aperçus d'un seul regard par l'œil S. Cette construction est donc absurde, et il n'y a que dans le cas où le tableau étant rond embrasserait toute la circonférence base du cône, que la plus courte distance pourrait être portée sur l'horizon du tableau, comme en V H ou en V A.

Nous conclurons aussi que la diagonale d'un quarré dont un des côtés est parallèle à la ligne de terre, passe par un des points de distance; car alors cette diagonale, divisant un angle droit en deux parties égales, fait nécessairement un angle de 45° avec la ligne de terre. On peut se convaincre de cela par le quarré V H, 6, S, dont la diagonale S H passe par la distance H.

DEUXIÈME LEÇON.

Pratiques pour opérer les représentations perspectives avec un géométral.

Dans les opérations pratiques de perspective, le géométral ne pouvant être, comme dans la nature, placé derrière le tableau, on le suppose en dessous et dans le même plan que lui, de manière que la ligne de terre leur soit commune, comme on voit dans la figure 8e, dans laquelle A T R B représente le tableau, H D l'horizon, V le point de vue; les points H et D la distance portée des deux côtés du point de vue, et supposée contenue sur la ligne horizontale; T R la ligne de terre; l'espace H D T R le terrain perspectif du tableau; et T R X Z le plan géométral sur lequel doit être tracé le plan des objets, avant d'en obtenir la représentation sur le terrain perspectif du tableau.

Trouver dans le tableau l'apparence d'un point donné dans le géométral (*fig.* 8e).

Soit le point O, le point donné du géométral. Pour trouver son apparence dans le terrain perspectif du tableau, par ce point abaissez une perpendiculaire jusqu'à ce qu'elle rencontre en I la ligne de terre. Joignez le point I avec le point de vue. Par le rayon V I portez I O de I en G sur la ligne de terre; par ce point et le point de distance H, menez H G. Le point S, rencontre de I V avec H G, est le perspectif du point O proposé.

On peut aussi obtenir la même représentation en portant I O en I G et en I M, et tirant ensuite aux deux points de distance les lignes H G et M D. On voit que leur rencontre détermine aussi le point S, sans qu'il soit nécessaire de tirer au point de vue le rayon IV. Mais, comme il est plus ordinaire d'opérer avec une seule distance, nous nous servirons dorénavant de cette méthode.

Connaissant la manière de trouver l'apparence d'un point, on a le moyen de trouver celle d'une ligne et enfin de toute espèce de figures géométriques qu'on voudra, puisqu'on n'a qu'à déterminer tous les points qui terminent leur surface; et, les joignant ensuite, on a leur perspectif. La seule inspection de cette figure suffit pour bien faire entendre comment, après avoir trouvé les points Y et Z du triangle OZY dans le perspectif en SZY, et ayant joint ces points ensemble par les lignes SZ, ZY, SY, on a eu la représentation du triangle proposé dans le géométral (1).

Quand on a un cercle à représenter en perspective, on inscrit celui proposé dans le géométral dans un quarré; on trace les diagonales du quarré et deux diamètres perpendiculaires l'un à l'autre, ce qui détermine le centre; cherchant ensuite, par le moyen qu'on vient de voir, tous ces points dans le perspectif, il est facile après, en traçant de petits arcs, de décrire ce cercle perspectif, en faisant bien correspondre toutes les parties du perspectif à celles du géométral.

L'apparence d'un cercle dans le tableau peut être un

---

(1) Cette méthode donnant les objets renversés, il est nécessaire de les tracer sur le géométral, dans le sens inverse de ce qu'ils doivent être au perspectif.

Quand les lignes tracées au géométral sont parallèles à la ligne de terre, comme elles doivent conserver la même position dans la perspective, après avoir déterminé un point de ces lignes, on n'a pas besoin de chercher l'autre.

cercle, si le point de vue en est le centre; un ovale plus ou moins allongé, suivant la hauteur du point de vue, et une ligne droite, si ce cercle se trouve dans le plan horizontal ou dans le plan vertical.

Méthode pour tracer un parquet.

Pour cet effet, divisez la ligne de terre TR (fig. 9) en autant de parties égales que vous voudrez avoir de carreaux sur le devant du parquet. Par tous les points de division, tirez au point de vue les rayons TV, IV, 2 V, etc., etc. Par le premier point T, tirez à la distance la ligne TD, par tous les points de rencontre 3, 4, etc., etc.; de cette ligne avec les rayons, menez des parallèles à la ligne de terre, et vous aurez le parquet cherché. Il ne s'agit plus que de remplir les vides laissés des deux côtés du terrain perspectif par les rayons.

Pour cela, par tous les points de rencontre des parallèles 5 7, 6 8, etc., avec les côtés du tableau, tirez au point de vue les rayons 5 V, 6 V, etc., qui acheveront de remplir de carreaux le terrain perspectif (1).

(1) De cette manière de mettre un parquet composé de quarrés égaux et vus de face, dérivent toutes les autres. Car on voit dans cette figure que, pour tracer des hexagones irréguliers, il ne faut qu'opérer comme on voit en X de cette figure. Les carreaux vus par l'angle s'obtiennent avec les deux distances, et il faut porter sur la ligne de terre la diagonale du quarré au lieu du côté. Si l'on veut tracer un parquet composé de grands et de petits quarrés, on doit tracer sur la ligne de terre alternativement un grand et un petit côté de ces quarrés, et tirer au point de vue. On fait aussi de cette sorte des carreaux vus de face, et entourés d'une lisière. Ces opérations ne demandent qu'un peu d'intelligence; nous croyons ne devoir point entrer dans de plus amples explications à ce sujet.

Mettre toute sorte de plans en perspective sans opération pratique.

Le moyen de mettre en perspective toute sorte de plans donnés sur le géométral, est d'une grande utilité, en ce qu'il est facile à opérer et qu'il évite aux peintres la perte d'un temps précieux, en les dispensant de tirer cette multiplicité de lignes qu'on ne saurait éviter dans des opérations pratiques. Il ne s'agit ici que de diviser le géométral T R X Z en quarrés égaux, après avoir tracé dessus et suivant une échelle, s'il est nécessaire, les objets qu'on veut représenter sur le terrain perspectif. Ensuite, par tous les points de division T, 1, 2, etc., donnés par le géométral sur la ligne de terre, tirés des rayons au point de vue, comme T V, I V, etc. (1).

Cette préparation étant achevée, si vous voulez avoir le perspectif du géométral A C B D, comptez d'abord de combien la première ligne du géométral, C D par exemple, s'éloigne de X Z : après avoir remarqué qu'elle occupe le tiers du premier carreau, prenez le tiers du premier quarré perspectif, et placez les points *c*, *d*, dans le même rapport des points C et D du géométral; et continuant de placer ainsi, dans chaque quarré perspectif, les objets qui sont compris dans les quarrés correspondants du géométral, vous obtiendrez la représentation perspective *c a b d* du plan A C B D, et celle de tel plan que vous desirerez.

(1) On conçoit que la représentation est plus ou moins exacte, suivant l'attention qu'on apporte à placer précisément les objets dans les quarrés perspectifs, comme ils le sont dans le géométral. C'est pour faciliter cette précision qu'on multiplie ordinairement les quarrés, afin d'avoir plus de points de comparaison.

TROISIÈME LEÇON.

Pratiques pour représenter les élévations perspectives sans géométral (1).

Nous allons traiter, dans cette troisième partie, des pratiques propres à obtenir les élévations perspectives des objets, sans le secours d'un géométral. Cette leçon est le complément des deux autres, puisque sans elle on ne saurait tracer que les surfaces qui servent de bases ou de plans aux objets réels, dont on veut representer sur le tableau les apparences perspectives.

Les exemples que nous allons donner sont ceux qui sont les plus utiles quand on dessine, et dont les pratiques peuvent être regardées comme le fondement de toutes les autres.

La hauteur d'une ligne ou d'un objet étant déterminée, trouver sa hauteur perspective dans le tableau à telle place ou à tel éloignement qu'on voudra.

Supposons que nous voulions trouver les hauteurs perspectives de plusieurs figures, placées à divers éloignements sur le terrain ou parquet du tableau, en supposant que, si l'une de ces figures touchait la ligne de terre, elle aurait six pieds de hauteur. Pour cela, je porte à l'une des extrémités de TR (fig. 10) cette ligne, et parallèlement au bord du tableau la ligne NT de six pieds réels ; par les extrémités N et T de cette ligne, et par un point quelconque A pris à volonté sur la ligne horizontale, je mène les lignes NA et TA, l'angle NAT formé,

(1) Nous observons que nous ne traitons ici que de la perspective strictement nécessaire aux peintres, et que nous ne donnons à cet effet, pour exemple, dans ces leçons que des pratiques fondamentales.

par ces lignes, est ce qu'on appelle l'échelle de diminution, dont on se sert comme on va voir.

Qu'il s'agisse maintenant d'avoir, par le moyen de l'échelle de diminution, la hauteur des figures placées, par exemple, au point G du terrain perspectif N Y R T du tableau : pour cela, de ce point donné, menez parallèlement à T R, la ligne G P, jusqu'à ce qu'elle rencontre en P le côté T A de l'échelle ; par le point P, élevez P O perpendiculairement à l'horizon jusqu'à ce qu'elle rencontre en O l'autre côté N A de l'échelle, O P sera la hauteur perspective qu'il faudra donner aux figures placées au point G du terrain perspectif. L'opération est la même pour avoir l'élévation de toute autre ligne, élevée à volonté sur le parquet, comme en R, en 3, etc., etc.

Comment on trouve la hauteur perspective d'une figure, quand elle est posée sur une marche ou tout autre objet placé sur le terrain perspectif.

L'opération nécessaire pour trouver la hauteur perspective d'une figure élevée sur une marche, ou sur un tertre, etc., etc., est presque absolument la même que pour les figures posées sur le parquet.

Supposons qu'il faille trouver la hauteur d'une figure au point M pris sur la marche L' : de ce point, menez jusqu'au bord supérieur 5 de la marche, *m'* 5 parallèle à T R ; par le point 5, abaissez perpendiculairement 5 4 ; par le point 4, tirez 4 L parallèlement à 5 *m* jusqu'à l'échelle ; élevez L X qui, étant portée de *m* en L, sera la hauteur cherchée de la figure placée au point *m'* de la marche L'. Cette pratique est la base des élévations perspectives ; car pouvant trouver la dégradation d'une ligne, on a celle de tous les objets qui entrent dans la composition d'un tableau.

S'il arrivait que la figure qu'on veut placer dans un dessin fut assise ou inclinée. On apprécierait alors ce qu'elle a pu perdre de sa taille réelle, et on opérerait avec la moitié, le tiers, le quart, etc., etc., de la ligne qui sert de mesure ou d'échelle.

Représenter un solide quelconque dont les bases sont parallèles.

Soit le rectangle O Y P C (fig. 11), qui doit servir de base au solide proposé, et qui a déja été mis en perspective par le moyen enseigné (fig. 8): supposons que nous voulons donner deux pieds d'élévation aux arêtes de ce rectangle (1). Il faut, pour cela, porter à l'extrémité de T R, la ligne B R, de deux pieds réels, et construire comme on vient de voir, l'échelle de diminution A R B, sur les extrémités de B R ; cherchant après, les diverses hauteurs des quatre arêtes posées aux angles O Y C P du plan perspectif, on aura K H, 1 2, 3 4, et 5 6, pour les quatre arêtes cherchées; portant ensuite ces hauteurs en M Y, P N, C S, V O, et les joignant par les lignes M N, N S, S U, U M, on aura la représentation perspective du solide proposé.

Dans cet exemple, la base perspective a été montrée vue par l'angle: l'opération eût été la même si cette même base eût été placée ayant deux de ses arêtes parallèles

(1) Il faut toujours entendre que ces arêtes n'auraient deux pieds réels que dans le cas où l'une d'elles toucherait la ligne de terre; et que si on voulait que dans le perspectif une d'elles, la plus près par exemple, eût deux pieds réels étant mise en perspective, il faudrait donner davantage à la ligne servant d'échelle: c'est ce qui fait que, lorsque dans un tableau d'histoire le peintre veut donner la grandeur naturelle aux figures du deuxième plan, où se trouve ordinairement le principal personnage, il est obligé de faire les groupes de devant d'une taille colossale.

à la ligne de terre. Seulement alors, après avoir trouvé sur l'échelle la hauteur d'un des angles, cette hauteur suffit pour l'autre extrémité de la ligne; puisque dans ce cas les arêtes parallèles à la ligne de terre, sont égales et parallèles entre elles.

Cette pratique enseigne aussi à élever un cylindre droit, à bases parallèles: et il ne faut pour cela qu'élever de tous les points de la circonférence du cercle perspectif qui lui sert de base, des lignes d'une hauteur égale à la hauteur du cylindre proposé; et il ne sera plus nécessaire que de joindre les extrémités de ces lignes par de petites courbes, pour résoudre ce problême. Il est évident, que plus la quantité des lignes sera grande, et plus aussi la base supérieure du cylindre sera déterminée avec précision.

Mettre en perspective un solide, dont le plan supérieur n'est point parallèle à celui de la base.

Cette pratique diffère peu de celle qu'on vient de voir; car, ayant placé sur la ligne de terre et à toucher le bord du tableau, le profil F R, *h*D (fig. 12), et ayant tracé ensuite le perspectif 8, 9, 7, 6, voici comment on opère pour avoir les diverses hauteurs des arêtes du solide.

Du point *h*, côté le plus élevé de la base supérieure du profil, menez *h*B parallèle à T R jusqu'au bord du tableau; par ce point et le point R, tirez au point A pris à volonté sur l'horizon; alors l'angle B A R sera l'échelle de diminution pour les arêtes les plus élevées. Par le point F du profil tirant encore au point A, la nouvelle échelle F A R donnera les élevations des arêtes les plus basses. Opérant ensuite comme on a fait dans l'exemple qui précède, et joignant les points X S, etc., et

L, Z, etc., par les lignes X Z, Z L, L S et S X, on aura obtenu le solide proposé à bases non parallèles, et faisant tel angle qu'on voudra avec la ligne de terre.

Si le solide proposé avait eu differentes hauteurs autres que celles *h* D et F R, comme Y K par exemple, après avoir par le point Y amené parallèlement à T R, Y J, et par le point J, tiré encore au sommet A de l'angle de diminution, j'aurai obtenu ainsi la nouvelle échelle de ces nouvelles hauteurs.

On voit que cette manière de former des échelles de diminution, pour les hauteurs perspectives, est extrêmement simple; elle donne le moyen d'élever toute espèce de lignes de mesure donnée, à tel enfoncement qu'on veut dans le tableau (1).

Représenter un solide dont les faces sont en talus.

Supposons que le solide proposé soit une pyramide tronquée à bases parallèles. Ayant tracé sur le géométral, d'après les moyens déja enseignés et selon la grandeur convenue, le triangle qui doit servir de base, on tracera dans celui-ci un autre petit triangle qui sera déterminé suivant le talus qu'on veut donner aux faces du solide et à la hauteur de ses arêtes.

Soit dans le perspectif A B C, et 2, 1, 3 (fig. 13),

---

(1) Plusieurs auteurs qui ont écrit sur la perspective ont considéré une autre espèce d'échelle de diminution, qu'ils appellent échelle fuyante des largeurs et des profondeurs; cette échelle n'est autre chose que la rencontre, en un point quelconque de l'horizon, de deux lignes partant des extrémités d'une ligne commensurable, appuyées sur la ligne de terre, comme, par exemple, A R (fig. 11), jointes à l'horizon en A. Les lignes 8, 1, donnent les largeurs dégradées des objets à mesure qu'ils fuient vers l'horizon, et 8 *a* et I R leur profondeur perspective sur le parquet du tableau.

le grand et le petit triangle mis en perspective. EP étant la hauteur donnée, je construis sur le point V pris dans l'horizon, l'échelle EVP; par les points 2 et 1, je mène 2 M et 1 5 qui, étant élevés jusqu'en N et T, me donnent MN et T 5, pour les hauteurs O 2 et Z 1. Comme le côté 2 3 du petit triangle est parallèle à la ligne de terre, la hauteur X 3 égalera celle o 2 : joignant par des lignes les points O A, ZC, XB, O Z, ZX et XO, on aura le perspectif du solide proposé.

On voit d'après cette opération, de quel principe il faut partir pour représenter un solide droit et taluté. La seule inspection de cette figure suffit aussi pour faire comprendre que, pour mettre une pyramide droite en perspective, il faut, après que l'apparence de sa base a été tracée dans le tableau, porter celle de sa hauteur sur une perpendiculaire élevée du centre de sa base; et de l'autre extrémité de cette ligne, qui sera le sommet de la pyramide, amenant des lignes aux angles de la base, on aura la représentation de la pyramide.

Quand le solide qu'on veut représenter sera concave et taluté, on tracera son épaisseur et son talus par une quadruple figure, comme on voit en 4 (fig. 13), et on opérera comme on a déja fait.

Si le solide a ses faces perpendiculaires, on tracera son épaisseur et son vide par une double figure seulement : la grande donnera la surface extérieure, et la petite la surface intérieure.

Si le solide a pour base une figure arrondie, l'opération sera la même que celle qui vient d'être décrite; mais il faudra elever une grande quantité de lignes de tous les points du cercle ou de l'ellipse qui lui sert de base, afin d'obtenir sa surface.

Escalier dont les côtés sont posés parallèlement au tableau, et les marches dirigées au point de vue (fig. 14).

Soit HR et RS la largeur géométrale que l'on veut donner aux marches, et HI leur hauteur: construisez sur HS, place déterminée sur le parquet du tableau, le géométral perspectif HIKLMN (1); sur le prolongement de OH, portez l'ouverture HO, que vous voulez donner à l'escalier; du point O, tirez au point de distance pour avoir en A la profondeur perspective de la première marche. Par tous les angles du géométral et le point de vue, menez les rayons VH, VK, VN, etc.; par le point A, élevez AB parallèlement à HI, jusqu'à ce qu'elle rencontre en B le rayon VI; par le point B, menez BC parallèlement à IK, jusqu'à la rencontre en C, du rayon VK; opérez encore sur ce point C, comme vous avez fait au point A, et successivement pour les points DE et G; le profil ABCDEG sera la fin de l'escalier demandé. On opérerait de la même manière, pour tracer les marches de l'escalier X d'après le géométral perspectif, 1, 2, 3 : en général, cette méthode apprend, sans qu'il soit nécessaire d'autre explication, à mettre en perspective une infinité d'escaliers à côtés parallèles au tableau, et à marches fuyantes.

Battants de porte, méthode pour trouver leur point accidentel (fig. 15).

Pour tracer le battant d'une porte, il faut trouver sur le parquet la demi-circonférence décrite par l'angle mouvant de ce battant. Maintenant, si le mur dans lequel est percée la porte X est dirigé au point de vue, par les

(1) Nous entendons par géométral perspectif, un profil qui, se

points S et B, ouverture de la porte, menez des parallèles SR et OB; par le point B et le point de distance, menez BD, qui coupera en R la ligne S R; par ce point, tirez au point de vue la ligne R T indéfinie; par le point O, menez au point de distance; DO rencontrera en N, le pied du mur. Par le point N, menez la parallèle N T; décrivez dans le demi-quarré SRTN, la demi-circonférence SEON; cette construction étant achevée, il est évident que l'angle E du battant, pourra se trouver sur chacun des points de cette circonférence. Supposons d'abord qu'il est en E, sur la diagonale du quarré; par ce point, j'élève EZ indéterminée : comme la diagonale d'un quarré dont un des côtés est parallèle à la ligne de terre, aboutit au point de distance, par le point E et le point B, je mène le côté inférieur de la porte BE, dont le prolongement irait en D; par le point D et le point A, tirant DA prolongée jusqu'en Z, AZ sera le côté supérieur du battant AZEB.

L'opération pour trouver le volet Y, dont la fenêtre est dans le mur du fond, est absolument la même que celle qu'on vient de voir; seulement on abaissera par les coins 12 et 13 de la fenêtre, les perpendiculaires 12, 1 et 13, 2 par les points 1 et 2; on opérera comme pour la porte. Les perpendiculaires 1 4 et 2 7, iront dans ce cas au point de vue, puisque le mur est parallèle au tableau; par le point I, tirez au point de distance D. Cette ligne DI, prolongée jusqu'à la rencontre de 2 7 en 7, donnera la profondeur du demi-quarré dans

---

trouvant placé comme dans cet exemple, IKLN, sur un plan quelconque du tableau, sert à trouver un autre profil perspectif. En général la vraie longueur des diverses parties d'un géométral perspectif est calculée sur les bords du tableau, ou sur la ligne de terre.

lequel le demi-cercle doit être inscrit; menez la parallèle 7 8 indéfinie; par le point 4, tirez encore à la distance; par la rencontre de 5 4 en 5 avec le mur, menez 5 8 au point de vue. Décrivez encore la demi-circonférence 5, 9, 4, 2; cette préparation étant achevée, voici comment on opère pour trouver le battant placé, par exemple, au point 9: de ce point, élevez la perpendiculaire 9 10 (1) indéterminée; par le point 9, que vous avez choisi pour fixer l'angle du volet, et le point I, qui représente le coin de la fenêtre, tirez une ligne 9 14 jusqu'à ce qu'elle rencontre l'horizon au point 14, qui est le point accidentel des bords Q, 12 et 10, 11 du volet Y. Alors, par ce point accidentel et les coins réels de la fenêtre 11 et 12, tirant les lignes 10 14 et Q 12 jusqu'à la rencontre de la perpendiculaire 9 10, vous déterminerez le volet Y. Cette pratique eût été la même pour tout autre point de la demi-circonférence, sur lequel le coin Q du volet eût été fixé.

On voit par cette pratique, que, pour déterminer le point accidentel d'une ligne, l'apparence de cette ligne étant trouvée comme 9 1 dans cette figure, il faut la prolonger jusqu'à l'horizon prolongé aussi autant qu'il est nécessaire pour avoir le point de rencontre, et ce point sera le point accidentel de cette ligne, ainsi que de toutes celles qui lui sont parallèles (2).

---

(1) Dans ces leçons quand on dit, élever une perpendiculaire ou mener une parallèle sans autre explication, il faut entendre que ces lignes sont perpendiculaires à la ligne de terre; et pour les parallèles, qu'elles sont menées parallèlement à la ligne horizontale.

(2) On ne parle ici que des lignes qui ne feraient ni un angle droit ni un angle de 45° avec la ligne de terre, et qui sont comprises dans des plans de niveau.

Arcades avec piliers quarrés.

Déterminez sur BS (fig. 16), la grandeur BO et O D que vous comptez donner à l'arcade vue de face et au pilier. Tracez sur MN, qui sera le milieu de l'arcade, la hauteur MN que vous voulez donner au cintre, selon l'ordre d'architecture que vous aurez choisi. Par le point O, élevez la perpendiculaire OP jusqu'en P, appui du cintre; élevez DF; tracez géométralement le demi-cercle HMQP, que vous inscrirez dans le demi-quarré UXHP; menez la diagonale RX; vous prolongerez M X jusqu'en L; prolongez aussi RP vers I; alors la ligne DF donnera les points FLI pour le géométral perspectif des arcades fuyantes, qu'on déterminera comme nous allons le démontrer.

Faites sur BS d'abord l'espace DI égal à OD, celui 1 2 égal à NO moitié du cintre, et enfin 2, 3 égal à NB, des points F, L, I, que nous appellerons géométraux, tirez au point de vue; des autres points géométraux 1, 2, 3; menez des lignes au point de distance; leur rencontre avec le rayon DV donnera l'ouverture 4 5 de l'arcade perspective, comme l'indiquent les lignes de la figure. En élevant par les points 4, 5, 6, des perpendiculaires jusqu'à la rencontre du rayon IV, en 12, 11, la perpendiculaire AA donnera le milieu du cintre perspectif. Ceci n'a pas besoin d'autre explication; car on voit qu'on opérerait de la même manière, si on avait à construire des arcades sur tout le prolongement du mur : on n'aurait seulement, dans ce cas, qu'à prolonger encore l'échelle DS, vers y, en portant de nouvelles divisions autant de fois qu'on voudrait avoir de nouvelles arcades.

On peut, par ce moyen, obtenir la représentation de

piliers ronds ; il ne faut pour cela, après avoir tracé les bases O, 13, 4, D, etc., que mener des diagonales dans ces quarrés, y inscrire des cercles, et par les points de leur circonférence, élever des perpendiculaires pour avoir la surface cylindrique des piliers.

Si, par tous les angles des ouvertures de chaque arcade, on mène des parallèles, ces lignes détermineront sur le mur parallèle K, l'ouverture des arcades de ce mur. La seule inspection des lignes ponctuées suffit pour faire comprendre cette opération.

Voûte cintrée (fig. 17.

Comme il arrive souvent qu'on a des voûtes cintrées à représenter, il est nécessaire alors de savoir bien déterminer le point central de ces arceaux. Pour cela, après avoir tracé les arcades D Q E G H et A R C, avec le centre commun O pris sur le milieu de Q G, à hauteur de l'appui du cintre, par ce centre O, tirez au point de vue O N, jusqu'à l'autre appui M L, fixé suivant la profondeur que l'on veut donner à la voûte. Décrivez après, avec le rayon N L, l'arcade perspective L M, qui terminera la voûte proposée.

Si l'épaisseur X H de la première arcade et des autres, s'il y en avait, était en saillie sur le fond de la voûte, comme il arrive très-souvent, alors, par les profondeurs perspectives X et 3, élevez les perpendiculaires X Y, et 3, 2, jusqu'à la rencontre des côtés fuyants du haut des murs. Par ces deux points, menez encore la parallèle X 3; par le milieu U de l'ouverture de l'arcade D E H, élevez une perpendiculaire qui passera par le milieu de l'arc Q E G; par le point E, et le point de vue, menez E V par le point U, menez le rayon U V; par la section en T, avec X 3, élevez une seconde perpendiculaire jusqu'à ce qu'elle rencontre en P, le rayon E V : le point P déterminera la plus grande profondeur intérieure P E, du dessous de l'arcade A Q R S G C : par ce point P, et ceux Y et 2, faisant passer les arcs 2, P et Y P, vous aurez le dessous fuyant de l'arcade proposée. On peut aussi obtenir cet arceau, en décrivant du point 5, comme centre, et d'un rayon 5 P, la demi-circonférence 2 P Y.

Nous croyons, par les pratiques qui viennent d'être montrées dans les trois leçons précédentes, avoir assez fait connaître les bases fondamentales sur lesquelles repose la perspective, sans qu'il soit nécessaire de donner un plus grand nombre d'exemples à ce sujet.

D'ailleurs notre but, dans cet ouvrage, n'est pas de multiplier les planches, mais de choisir les méthodes les plus simples et les plus utiles, afin de mettre les personnes qui les auront conçues à même de dessiner avec cette exactitude et cette fidélité que l'intelligence de la perspective peut seule donner.

La représentation par reflets des objets dans l'eau étant aussi strictement essentielle aux paysagistes, nous allons en parler dans la leçon suivante, et leur donner les moyens de les imiter avec vérité (1).

---

(1) Comme il est tout-à-fait indispensable, dans certains tableaux, de tracer le géométral des objets que l'on desire y représenter, la chose deviendrait impraticable, quand la toile sur laquelle on veut peindre est de grande dimension, si les élèves pensaient qu'il fallût opérer du grand au grand. C'est pour ne leur point laisser de doute à ce sujet, que nous les prévenons que la chose n'est point nécessaire. Tout tableau soigné exige une petite esquisse ; c'est cette esquisse, à laquelle il est aisé d'ajouter un

QUATRIÈME LEÇON.

De la réflexion des objets dans l'eau.

L'eau a la propriété de réfléchir sur sa surface les objets qui sont placés au-dessus d'elle, comme le fait une glace étamée, de manière que la réflexion ou l'image paraît autant s'enfoncer au-dessous du niveau de l'eau, que l'objet réfléchi est réellement élevé au-dessus de ce même niveau.

Axiomes de la réflexion dans l'eau.

1° Les objets se réfléchissent sur la surface de l'eau de telle sorte, que l'angle d'incidence est toujours égal à l'angle de réflexion. C'est ce qui fait qu'ils paraissent, dans l'image, autant enfoncés en-dessous qu'ils s'élèvent en-dessus.

2° Les objets réfléchis semblent renversés, en sens inverse de la réalité.

3° L'image réfléchie est toujours de même grandeur que l'objet qui la cause.

4° Les lignes qui dans le naturel sont dirigées au point de vue, doivent avoir des réflexions dirigées à ce même point de vue.

5° Les images de celles qui vont concourir à d'autres

---

géométral, qu'il faut bien mettre en perspective. Faisant alors le cadre du grand tableau en rapport de grandeur avec l'esquisse, qui a été divisée en autant de quarrés égaux qu'elle a pu en contenir, le cadre du tableau devra avoir autant de grands carreaux que l'esquisse en contient de petits. Rapportant ensuite dans ces grands quarrés les objets que contiennent les petits, vous aurez votre ouvrage mis en perspective, et de la grandeur que vous aurez jugée convenable.

points de l'horizon, vont aussi concourir à ces mêmes points.

6° Les lignes parallèles conservent leur parallélisme dans la réflexion.

7° Celles qui font tel ou tel angle dans l'objet, feront aussi le même angle dans l'image.

8° La couleur de l'image réfléchie est toujours plus affaiblie que celle de l'objet même.

Des angles d'incidence et de réflexion (fig. 18).

Il en est de la lumière comme de tout corps solide qui est lancé sur une surface plane. Quand une balle, par exemple, est jetée sur un parquet, elle rebondit en faisant un angle de réflexion égal à l'angle d'incidence qu'elle a d'abord formé en arrivant au point de contact.

Supposons maintenant, que le spectateur X C considère l'objet A B placé au bord de l'eau: faites le prolongement X D, de CX égal à C X; faites aussi B O, égal à A B; par le point O, tirez au point C; par le point D, tirez au point A; alors le point F, rencontre des rayons C O et A D, sera le point par où l'objet C X verra la réflexion de A B, en B O, dans le plan F B O placé verticalement à l'œil C, du spectateur.

Dans cette construction le rayon visuel C F, partant de l'œil C, et venant frapper en F la surface de l'eau indiquée par la ligne X B, forme avec cette surface un angle C F X, qui est l'angle d'incidence. Le même rayon C F, renvoyé vers le point A de l'objet A B, forme encore avec la surface de l'eau X B, un autre angle A F B, qu'on appelle angle de réflexion (1).

(1) L'angle d'incidence C F X est toujours égal à l'angle de

Il est donc évident que le point F sera le point apparent du point A sur la surface de l'eau, puisque ce point ne peut rencontrer la surface X B qu'au point F.

Trouver la réflexion des objets dans l'eau (fig. 19).

Si l'on a dans un tableau dont tous les objets ont été mis en perspective, quelques-uns de ces objets dont on veuille faire réfléchir l'image dans l'eau: d'après ce qu'on vient de voir, il s'agit seulement d'abaisser de chaque point de l'objet, des perpendiculaires à la ligne de terre jusqu'à la rencontre du niveau de l'eau, au plan d'enfoncement où l'objet est situé dans le tableau; puis faire ces perpendiculaires égales aux élévations à partir du niveau; joignant ces perpendiculaires par des lignes allant au point de vue, ou a tout autre point de l'horizon, selon que les lignes de l'objet vont concourir ou non au point de vue, on aura la représentation cherchée (1).

D'après cela, s'il s'agit de trouver la réflexion dans l'eau de l'escalier N A B C D E: du point A, un des angles, j'abaisse la perpendiculaire A N jusqu'à la rencontre du niveau de l'eau en N (2); je prolonge A N jusqu'en *a;* et je fais cette distance N *a* égale à l'élévation A N, au-dessus du niveau. Le point *a* me donnera la représentation du point A.

Ayant opéré de même pour tous les autres points B, C, D, etc., je termine la représentation de l'escalier en

---

réflexion A F B; cette vérité existe, mais c'est un axiome qui ne peut être démontré.

(1) Il ne faut pas oublier que les lignes qui forment la réflexion, doivent concourir aux mêmes points que celles de l'objet qui est supposé réel dans le tableau.

(2) Tous les points qui indiquent le niveau de l'eau sont marqués par une X.

tirant des points A, E, C, au point de vue; parce que les lignes L A, S C, E M, que ces lignes doivent représenter dans l'escalier réfléchi, vont concourir au point de vue. Il ne reste plus alors qu'à faire *ar* égale à Y N, et à mener les parallèles *ab*, *cd*, et *ef*.

Il n'est pas nécessaire de détailler l'opération pour les autres objets de cette planche; la seule inspection de la figure suffit pour faire comprendre qu'on a obtenu de la même manière tous les points dont on a voulu la réflexion, en ramenant toujours le pied de chaque objet au niveau de l'eau, et traçant ensuite l'image autant en-dessous de ce point que l'objet est élevé en-dessus.

Il faut observer, dans cette opération, que les objets qui sont les plus rapprochés, font obstacle à ceux qui sont derrière eux, et qu'il est nécessaire, à cause de cela, de commencer toujours par les premiers plans et finir par les plus éloignés (1).

CINQUIÈME LEÇON.

Des ombres solaires (2).

La lumière est extrêmement subtile, toujours en mouvement; elle tend sans cesse à se diriger en ligne droite.

---

(1) Pour trouver le point accidentel des lignes réfléchies dont les reflets sont placés dans des plans de niveau, il faut prolonger les lignes réelles jusqu'à ce qu'elles rencontrent l'horizon. Ce point sera le point accidentel de leur image dans l'eau.

(2) Nous ne parlerons point des ombres causées par la lumière des flambeaux, parce que nous ne voulons traiter ici que des choses nécessaires au dessin ou à la peinture; ces sortes de projections étant plus curieuses qu'utiles, nous nous bornerons à celles causées par les rayons solaires, qui au reste sont la base de toutes

Plus les rayons lumineux qui viennent d'elle sont nombreux, plus les objets qui en sont frappés sont visibles. Réciproquement, ces mêmes objets s'obscurcissent de plus en plus, à mesure que la lumière s'éloigne; et son absence totale cause l'ombre. Comme elle est plus élastique que l'air, elle est aussi beaucoup plus réflexible que lui.

Quoique tous les corps puissent être représentés par les lignes qui forment leurs contours, cependant la perspective linéaire, quoique la base de toute représentation, serait insuffisante sans le secours des ombres, parce qu'elles achèvent de donner aux corps l'apparence du relief qu'ils ont dans la nature.

Les ombres augmentent ordinairement en vigueur selon qu'elles sont plus ou moins éloignées de nous; elles concourent ainsi avec les lignes, à nous montrer le véritable éloignement où le peintre a voulu placer tel ou tel objet dans son tableau.

Dans la nature les ombres prennent diverses positions, suivant que la lumière qui les cause est en avant, à côté, ou derrière le corps qui les projette (1).

Quoique le soleil ait un diamètre réel, et que par conséquent les rayons lumineux qu'il nous renvoie ne partent point d'un seul et unique point, cependant dans les pratiques nous supposerons qu'ils sont parallèles entre eux, à cause de la grande distance où est placé le foyer d'où ils émanent (2).

---

les autres, et qui servent beaucoup dans les ouvrages de lavis, et sur-tout dans les dessins d'architecture.

(1) Nous donnerons un exemple pour chacun de ces trois cas.

(2) C'est la grandeur du diamètre du soleil qui cause la pénombre ou ombre adoucie, qui empêche que l'ombre vraie soit tranchée sur le fond qui la reçoit. La pénombre d'un flambeau est beaucoup

Trouver l'ombre portée d'un objet, le soleil étant dans le plan du tableau (fig. 20).

La hauteur du soleil ayant été déterminée par le rayon SR, ainsi que sa position dans le plan du tableau, de manière que l'objet proposé reçoive les rayons d'un seul côté : si nous voulons avoir l'ombre portée du plan DB GI, sur le terrain perspectif du tableau, faisons d'abord passer le rayon SR, qui détermine la hauteur du soleil, par un des angles B, par exemple, de l'autre angle G, menons encore le rayon GN, parallèle au premier BR; par les angles inférieurs D et I, menons les parallèles à la ligne de terre, DR et IN, jusqu'à leur rencontre en R et N avec les rayons solaires BR et GN; les lignes originales DI et BG allant au point de vue, leurs apparences dans l'ombre devront aussi concourir à ce même point : tirant donc par le point R et par le point V, la ligne RN, cette ligne terminera l'espace DIRN, qui sera l'ombre portée du plan DBGI, sur le terrain perspectif (1).

Si l'ombre portée d'une ligne rencontre un obstacle,

---

moindre, à cause que le diamètre de la flamme est extrêmement court. Si les rayons lumineux partaient d'un point unique, il n'y aurait point de pénombre.

(1) Les ombres portées par l'effet des rayons solaires sont de la longueur de l'objet qui les projette, quand cet astre est à 45°.

Quand le soleil est dans le plan du tableau, les ombres des lignes perpendiculaires à la ligne de terre, sont parallèles à l'horizon. Celles qui appartiennent à des lignes parallèles sont aussi parallèles, et concourent au même point que les lignes originales qui les causent. Si toutefois ces lignes ne sont point dans le cas de celles qui conservent leur parallélisme, comme dans cet exemple, BDGI, alors leurs lignes d'ombre, DR et IN, seront aussi réellement parallèles.

comme par exemple la droite 1 4, alors par le pied 4 de cette droite, menez parallèlement (puisque le soleil est dans le plan du tableau), la ligne 4 3, jusqu'à la rencontre en 3 du pied du mur X, qui est l'obstacle; par le point 1, élevez une perpendiculaire indéfinie; par le point 1 extrémité de la droite 1 4, menez un rayon parallèle 5, 1 2, jusqu'à la rencontre du mur X en 2; ce point 2 sera le terme de la projection de l'ombre, sur la surface de ce mur.

On voit par là, que si cet obstacle avait été causé par les marches d'un escalier, on aurait opéré de la même manière en menant successivement, à partir du pied de l'objet, des parallèles et des perpendiculaires, jusqu'à ce qu'enfin le prolongement du rayon lumineux, passant par l'extrémité supérieure de l'objet, parvient, par sa rencontre avec la ligne d'ombre, à déterminer sa longueur sur quelque point de l'escalier.

Cette pratique est la base de tous les problêmes sur la projection des ombres, quand le soleil est situé dans le plan du tableau (1).

Trouver l'ombre d'un plan, le soleil étant en devant du tableau, et par conséquent derrière le spectateur (fig. 21).

Dans ce cas, il faut imaginer que le soleil est dans un point du ciel, placé au-dessous de l'horizon, diamétrale-

(1) Lorsque le soleil est dans le plan du tableau, et qu'il se trouve à l'horizon, comme à son lever, par exemple: toutes les ombres des objets qui sont sur le terrain sont infinies; leurs perspectives s'étendent indéfiniment, et parallèlement à la ligne horizontale. Si elles rencontrent quelque surface élevée, elles remontent dessus jusqu'à la hauteur de l'objet qui les cause.

La Caille, *Leçon d'optique.*

ment opposé à celui où il se trouve réellement au-dessus. On marque l'azimuht ou le point accidentel du soleil, sur la ligne horizontale, mais du côté opposé à celui où est vraiment le soleil à l'égard du plan vertical. Les ombres, partant du pied des objets, doivent toujours aller vers le point de l'azimuht, ou le point accidentel (1).

Soit le point B (fig. 21), la chute des rayons sur le parquet : de ce point, élevant une perpendiculaire jusqu'à la rencontre en A de la ligne horizontale, le point A sera le point accidentel du plan des rayons réunis en B.

Supposons maintenant que nous voulions déterminer l'ombre portée du plan MGCD, sur le parquet du tableau : il faudra d'abord, de tous les points plans (2) C, D, mener des lignes au point A, les lignes A C et D A; des points supérieurs, tirez au point B, les rayons MB et GB; ces rayons, coupant leurs plans CA et DA, donneront l'espace CI, 2 D, pour l'ombre portée du plan MGCD.

Si l'ombre rencontre un obstacle, on la détermine en élevant perpendiculairement la ligne d'ombre partant du pied de l'objet, le long de la surface qui l'arrête. Si c'est un escalier, cette ligne étant arrivée perpendiculairement au bord supérieur de la première marche, devra être dirigée au point accidentel A; encore élevée perpendiculairement s'il y a d'autres marches; et ainsi de suite, jusqu'à ce que le rayon mené du point supérieur de l'objet

---

(1) En perspective on appelle l'azimuth du soleil, le point accidentel de l'horizon où les ombres qui partent du pied des objets vont aboutir. Ce point est celui déterminé par une perpendiculaire abaissée du soleil sur la ligne horizontale.

(2) On entend par points plans, les points d'un solide qui déterminent sa base sur le parquet du tableau.

finisse, en rencontrant cette ligne d'ombre prolongée suffisamment, par terminer sa longueur. Cette pratique sert à trouver les ombres portées de tel solide qu'on voudra, et de telle manière qu'il soit disposé sur le géométral, quand le soleil est placé en avant de la surface du tableau.

Ombre d'un plan, le soleil étant situé derrière le tableau (1), (fig. 22).

Soit le point S (fig. 22) la réunion des rayons, et le point A le point accidentel de leur plan, situé sur l'horizon; alors, des points plans D et E de l'objet, et par le point A, menez les lignes DM, ET; des points supérieurs C et B et par le point S, menez les rayons lumineux CM, BT : ces rayons, coupant aux points M et T les lignes d'ombres DM et ET, donneront DMTE pour l'ombre cherchée.

Remarque au sujet des ombres solaires.

Nous croyons avoir rempli le but que nous nous sommes proposé dans cet ouvrage, en nous bornant aux exemples que l'on vient de voir au sujet des ombres portées (2).

---

(1) Dans ce cas, le point du soleil est en dessus de l'horizon. Le point accidentel ou l'azimuth sera placé sur l'horizon perpendiculairement au-dessous du point où cet astre se trouve en effet. Mais le point de l'azimuth devra être situé du côté opposé à celui où se trouve réellement le soleil, relativement au plan vertical. La Caille, *Leçon d'optique*.

(2) Si on a bien saisi ces principes sur la projection des ombres, on pourra de soi-même résoudre tous les cas possibles à ce sujet, comme, par exemple, ceux où l'ombre est jetée sur des plans inclinés : la solution de ces problèmes dérivant des bases que l'on vient de voir, il ne faut qu'un peu d'intelligence pour cela.

Nous avons montré les trois cas différents où le soleil peut être placé, relativement au corps qu'il éclaire. Dans chacun de ces cas, l'ombre prend une direction différente : elle se dirige du côté de l'objet, quand les rayons lumineux sont dans le plan du tableau; elle est en arrière du plan qui la cause, quand ces mêmes rayons viennent du devant du tableau; et enfin l'ombre est jetée en avant, quand le soleil est en arrière du plan du tableau.

Ces trois exemples servent aussi à convaincre de cette vérité, que, lorsque le corps lumineux est égal au corps opaque qu'il éclaire, l'ombre de ce corps est renfermée dans des lignes parallèles. Si le volume de lumière est plus petit, l'ombre croît et va en augmentant, à mesure qu'elle s'éloigne. Au contraire, si le corps est plus petit, l'ombre diminue en s'éloignant, et finit par se terminer en un point si le volume de lumière est assez grand pour cela.

La théorie des ombres, portées, considérée géométriquement, est en général de peu d'importance pour la peinture. Il ne faut que réfléchir un instant, pour se convaincre de l'impossibilité qu'il y aurait à chercher toutes les ombres portées d'une composition historique ou d'un paysage; car de quelle prodigieuse quantité de lignes ne faudrait-il pas alors couvrir son dessin, pour déterminer l'ombre de chaque objet et cette multitude infinie de projections diverses, selon les différentes figures auxquelles elles appartiennent et les obstacles multipliés qu'elles rencontrent.

Encore ne serait-ce point une chose tout-à-fait impossible, si les objets étaient de forme régulière, comme des monuments ou autres accessoires; car, en dressant alors un géométral de leurs ombres, on parviendrait à les décrire

Mais comment imaginer la recherche des projections perspectives des ombres, pour tous les objets qui n'ont point de formes régulières, comme des draperies, des figures, etc., etc? Un peintre ne doit donc pas trop s'assujettir à la recherche géométrique des ombres, si ce n'est pour l'architecture de ses fabriques. Mais l'expérience et l'habitude du dessin l'instruiront suffisamment à ce sujet (1).

Observations sur la distribution des ombres et sur l'unité.

Tout tableau ne saurait être beau s'il n'est vrai : il ne peut être vrai qu'autant qu'il imite la nature. La construction de notre vue ne nous permettant d'embrasser qu'un certain espace à-la-fois et d'un seul regard, c'est à cette limite de l'organe visuel que la dimension d'un ouvrage de peinture doit être bornée. De plus, la lumière qui nous éclaire changeant à chaque instant du jour, et les couleurs des objets se modifiant suivant la qualité et la quantité de clarté qu'ils reçoivent, les scènes que nous considérons ne sauraient donc garder plus d'un instant la même attitude et les mêmes apparences. De là dérive nécessairement cette unité de lieu, d'action, de lumière et de couleur, si nécessaire, et sans laquelle un ouvrage de l'art ne saurait jamais parvenir à plaire. L'unité

(1) Le meilleur moyen pour s'assurer de l'exactitude des ombres portées, est celui que le Poussin employait ordinairement. Il exécutait de petits mannequins en cire à modeler. Il les drapait et les disposait sur une planche, de manière à reproduire tous les groupes de sa composition. Par cette méthode, il était assuré de la vérité des ombres portées des figures les unes à l'égard des autres, ainsi que de celles des accessoires de ses tableaux.

est donc la première condition de toute imitation vraie. Cette unité étant basée principalement sur les phénomènes de la vision, il est aisé de concevoir que la perspective en est le fondement essentiel.

Nous n'entrerons point ici dans de plus grands détails, au sujet des diverses causes qui contribuent à rendre un ouvrage plus parfait. Nous observerons seulement à l'égard des ombres, que leur projection indiquant le lieu et l'élévation du soleil, le dessinateur doit bien observer de ne point commettre de faute contre l'unité, en les distribuant dans son tableau. Toujours la teinte du ciel doit indiquer assez l'heure du jour, pour que les ombres portées ne se trouvent point en contradiction avec cette heure. Un corps quelconque ne doit point projeter son ombre d'un côté, tandis qu'un autre placé auprès aurait la sienne dirigée dans un sens opposé. Toujours les ombres des ornements d'architecture doivent être données par la même lumière ; que celle qui éclaire le reste de la composition : c'est par cette imitation stricte des effets de la nature, que l'ouvrage de l'artiste se distingue des faibles productions du praticien inhabile ou insouciant.

Définition du clair-obscur (1).

Le clair-obscur est l'art de donner l'apparence du relief aux objets que l'on représente, par une juste répartition de lumière et d'ombre. Cette science consiste encore à

(1) Le clair-obscur n'est qu'une branche de la perspective aérienne; c'est la gradation et la dégradation des ombres sur les corps, abstraction faite des couleurs. Nous nous bornerons à définir ici le clair-obscur, parce qu'étant intimement lié avec la perspective des couleurs dont nous allons traiter dans la leçon suivante, il serait inutile d'en parler plus longuement dans cet article.

savoir placer et répandre sur son sujet ces ombres et ces lumières de manière à ne point fatiguer la vue et à faire valoir, mais sans affectation, l'objet principal du tableau.

L'artifice du clair-obscur dépend aussi de la disposition des objets relativement à la position de la lumière. Il n'est point de règle pour ce choix; la nature donne ordinairement le génie du clair-obscur, qu'on peut perfectionner par l'étude, mais que rarement on parvient à acquérir par elle.

L'intelligence de cette partie de son art est très-essentielle à un peintre, pour savoir mettre chaque chose à sa place, savoir l'éclairer comme il faut, la rendre plus agréable à la vue, et enfin pour réunir et lier, par le moyen des ombres et des clairs, toutes les parties d'une composition, qui doivent ne faire qu'un tout simple et parfait.

SIXIÈME LEÇON.

De la perspective aérienne.

Les règles de la perspective aérienne, ne pouvant pas toujours être soumises aux lois rigoureuses des mathématiques, ne sauraient devenir le partage du peintre qu'après de longues années d'études et de méditation: nous n'en aurions point parlé dans cet ouvrage, s'il eût été possible de taire, en traitant du paysage, l'art qui en fait le charme et le principal attrait.

Comme on ne saurait donner une définition plus claire et plus précise de cette science que celle que nous avons puisée dans la nouvelle traduction du traité de la peinture de Léonard de Vinci (1), nous croyons ne pouvoir mieux faire que de l'insérer dans cette leçon.

---

(1) Par M. P. Gault de Saint-Germain.

Voici comment l'auteur s'explique :

« La perspective aérienne consiste dans l'union des « teintes, et dans une juste dégradation de couleurs.

« La perspective aérienne a des principes comme la « perspective linéaire, mais ce n'est pas avec la même « rigueur géométrique. Quoique dépendante de cette « science dans la démonstration en physique, elle ne « peut y être soumise dans l'exécution en peinture.

« C'est la perspective aérienne qui dirige le clair-obscur, « qui décide la forme des choses, leur donne le relief, les « éloigne ou les rapproche de la vue.

« Ses règles, en peinture, sont dans l'œil et le juge-« ment; elles sont toujours aimables et sans contrainte « pour le génie créateur. Les charmes de la perspective « aérienne sont comparables à ceux de la beauté et de « la grace, ils échappent aux calculs. C'est la science « abstruse, quand les mathématiques ravissent cette puis-« sance au sentiment. »

Des couleurs (1).

Les couleurs simples dont on se sert pour imiter celles qui sont répandues dans la nature, sont : le blanc ou la

(1) La lumière est le principe de la couleur : quand un rayon du soleil est réfracté à l'aide d'un prisme sur une surface blanche placée dans un lieu obscur, il donne une image colorée de sept couleurs, qui sont placées dans l'ordre suivant : rouge, orangé, jaune, vert, bleu, indigo, violet. Quoique les rayons orangé, vert, et violet, paraissent être des compositions données par le mélange des autres couleurs, cependant comme ces rayons, étant pris séparément, ne peuvent plus être décomposés, il paraît que ces couleurs ont un principe qui leur est propre, et qu'elles sont aussi primitives que les autres. Il n'en est pas de même pour les

lumière (1), le jaune, l'azur ou bleu, le rouge, et le noir ou l'absence de la lumière.

C'est en mêlant entre elles ces cinq couleurs primitives, qu'on parvient à composer cette grande quantité de teintes dégradées, sans lesquelles la peinture ne serait qu'une imitation fausse et sans vérité.

Parmi ces compositions, on en peut remarquer quatre principales, qui sont : le gris, mélange du blanc et du noir ; le vert, mélange du bleu et du jaune ; le violet, mélange du rouge et du bleu ; et enfin le roux, mélange du rouge et du noir (2).

Chacune de ces cinq couleurs simples et des quatre premières combinaisons peut en particulier être dégradée par des passages insensibles, depuis le plus grand degré de clarté jusqu'à la teinte la plus obscure.

---

pâtes colorées qu'on emploie en peinture : comme ces trois couleurs ne s'obtiennent que par des mélanges, nous ne les avons placées que comme premières combinaisons.

(1) Nous entendons par couleurs simples ou primitives, celles qu'on ne saurait obtenir par le mélange de plusieurs autres. Le blanc est classé parmi ce nombre, quoiqu'il n'ait aucun principe colorant, à cause de sa grande utilité en peinture. Il est regardé comme la lumière, puisqu'il sert à éclairer les couleurs qui le reçoivent, et qu'elles deviennent plus ou moins lumineuses selon qu'il y entre en plus ou moindre quantité.

(2) Tous les traités de peinture varient sur la classification des couleurs ; rien n'étant donc plus incertain que les divers systêmes établis à ce sujet, nous avons cru ne devoir admettre au nombre des couleurs simples que celles qui, ne pouvant être obtenues par des mélanges, méritent seules cette dénomination. Le gris, le vert, le violet et le roux, que plusieurs auteurs classent au nombre des couleurs premières, n'étant réellement dans la peinture que le résultat de diverses combinaisons, nous en ferons les quatre premières couleurs composées.

Mélangeant de nouveau entre eux ces éléments, de deux en deux, de trois en trois, etc., etc., avec diverse quantité de lumière et d'ombre, on obtient cette immense série de teintes mixtes résultant des couleurs simples, et avec lesquelles un habile pinceau parvient à imiter l'harmonie séduisante des beaux effets que la nature à chaque instant étale à nos regards (1).

De l'air et de sa couleur.

C'est la lumière du soleil qui éclaire l'air : l'absence de cette lumière cause les ténèbres ou la nuit. L'air par lui-même n'a point de couleur; mais il se colore, par transparence, des teintes locales des corps qu'il entoure. Il paraît être azuré, parce qu'étant placé entre la terre et l'obscurité du ciel, il reçoit les rayons du soleil qui l'éclairent, mais en laissant encore apercevoir au travers la nuit de l'espace céleste; c'est cette transparence d'ombre et de clarté qui cause la teinte d'azur dont l'air semble coloré, et qu'il répand sur les objets qu'il environne (2).

Tous les corps participent plus ou moins du ton azuré

---

(1) Les nouvelles découvertes sur la polarisation de la lumière ont conduit M. Biot à l'invention d'un instrument auquel il a donné le nom de colorigrade, au moyen duquel on peut mesurer, reconnaître, et reproduire toutes les teintes du spectre solaire, et par conséquent toutes celles qu'un peintre peut former sur sa palette et employer dans un tableau.

(2) La couleur d'azur n'est que le mélange du noir parfait avec la vive lumière : n'ayant point en peinture de vraie lumière ni de noir parfait, cette couleur ne peut être obtenue ; c'est pour cela que nous l'avons classée parmi les couleurs primitives. L'azur est plus ou moins foncé selon que la lumière est plus ou moins vive ; c'est ce qui arrive la nuit, quand l'air n'est plus éclairé que par la pâle clarté de la lune ou des astres.

que l'air leur communique, suivant qu'ils sont plus ou moins éloignés de nous. L'étude de cette dégradation des couleurs locales est le fondement de l'harmonie du coloris, et le premier principe de la perspective aérienne.

Il serait aisé d'acquérir la connaissance de la perspective aérienne, s'il eût été possible d'assigner mathématiquement la quantité dont la couleur d'un objet se dégrade à telle ou telle distance de notre vue, et de quelle force elle donne son reflet sur un autre à ces mêmes éloignements. A la vérité on est bien parvenu à calculer à-peu-près les diverses modifications des couleurs locales, selon leurs différentes distances à l'égard les unes des autres; mais, cette appréciation n'ayant pu être faite que pour quelques circonstances seulement, cette règle ne saurait être d'une utilité générale pour l'art dont nous parlons. Puisque l'air augmente ou diminue de densité à chaque instant, selon sa distance et son élévation; que la lumière n'est jamais parfaitement égale; et qu'enfin les reflets et la couleur des corps varient d'une infinité de manières, suivant les heures, les saisons, les climats, etc., etc, il est donc aisé de voir, d'après les incommensurables combinaisons de distances, de lumières et de couleurs, que la perspective aérienne ne peut être soumise à des règles précises et mathématiques, et que l'artiste qui veut en connaître les secrets doit, par de continuelles observations, les puiser dans la nature même (1).

(1) Léonard de Vinci a dit sur la dégradation des couleurs tout ce qu'on en peut dire de plus raisonnable. Nous croyons inutile de citer ici les calculs qu'il a faits à ce sujet, parce que nous sommes convaincus qu'ils ne sont point praticables en peinture. Nous citerons celles des remarques de ce grand peintre

Divers degrés de clarté de l'air (1).

L'air est plus éclairé quand il est épais et chargé de vapeurs grossières : c'est ce qui arrive quand il est situé près de la terre; parce qu'alors les rayons de lumière, ne pouvant le pénétrer à cause de sa densité, sont refléchis en plus grande quantité, et ce fluide paraît beaucoup plus éclairé. C'est à cause de cela que l'horizon est ordinairement plus lumineux que la partie du ciel qui est située sur votre tête, parce que l'air, se raréfiant quand il est dans des régions élevées, laisse facilement passer à travers ses différentes couches les rayons de lumière, qui, n'étant plus réfléchis, vont se perdre dans l'espace.

L'air placé vers la terre, étant épais et charge de vapeurs, fait sur les objets l'effet d'une gaze : il les voile légèrement quand ils sont près de nous, les rend de plus en plus vagues et diffus, à mesure qu'ils s'éloignent et

---

qui, pouvant servir de règle et de base à la perspective aérienne, doivent naturellement entrer ici.

(1) Les objets sont non-seulement éclairés par les rayons qui émanent du soleil, mais encore par la clarté que ces rayons répandent dans l'air atmosphérique, ce qui est cause qu'en pleine campagne il n'existe pas d'ombre très-prononcée; car en effet les corps sont éclairés non-seulement du côté où les rayons directs les frappent, mais encore de tous les côtés, par cette clarté douce de l'air qui affaiblit la force des ombres, qui sans cela seraient extrêmement noires, si elles n'étaient point éclairées par des reflets accidentels.

La réflexion de la lumière et des couleurs vient de ce que la lumière étant élastique et venant à rencontrer une surface, ces rayons lumineux et colorés sont aussitôt réfléchis sur cette surface, de manière que l'angle de réflexion est toujours égal à l'angle d'incidence.

finit même par les faire entièrement disparaître, quand les rayons visuels ne peuvent plus passer au travers de sa masse interposée entre les objets et notre vue.

La couleur azurée ou grisâtre que l'air répand sur tous les corps devra donc être proportionnée à leur éloignement; et l'artiste pourra, à l'aide de ce moyen, et sans le secours de la perspective linéaire, faire éloigner ou rapprocher, s'il le veut, les objets qu'il desire placer à tel ou tel plan de son tableau, en observant bien les diverses teintes d'azur propres à ces divers éloignements (1).

D'après ce qu'on vient de dire sur la densité de l'air placé près de nous, il est évident qu'un édifice élevé et posé à une certaine distance paraîtra plus confusément vers sa base que vers la partie qui sera la plus élevée, parce que les rayons visuels ne pourront passer librement à travers la colonne d'air grossier répandue dans la région basse, et qu'au contraire ces mêmes rayons pénétreront facilement l'air plus léger dans lequel se trouvera la partie la plus élevée du monument.

Ainsi, quand on veut peindre diverses couches de montagnes, il faut, si on veut les détacher les unes des autres, employer le moyen que la nature emploie elle-même; c'est-à-dire, peindre leur pied dans un air épais et lumineux, et faire au contraire distinguer aisément les couleurs et la forme de tout ce qui se trouve à leur sommet, en observant toujours la proportion des distances réciproques (2).

(1) Plus les objets éloignés sont d'une couleur locale sombre, plus aussi leur ton azuré sera foncé et sombre. On peut en faire l'observation en regardant les montagnes boisées vues dans le lointain.

(2) Quand un objet s'éloigne de nous et s'enfonce dans la co-

Des reflets.

La couleur locale d'un corps opaque ne saurait être aperçue dans l'obscurité. Mais, si des rayons de lumière viennent à frapper sur sa surface, alors ce corps, devenant lumineux à l'égard d'un autre placé dans l'ombre et auprès de lui, a la propriété de lui renvoyer une partie de sa clarté en le colorant aussi de sa teinte locale.

Par exemple, si un objet coloré en rouge reçoit la lumière, et que près de lui un autre objet de couleur jaune soit dans l'ombre, les rayons lumineux qui par l'angle de réflexion viendront éclairer ce dernier, lui porteront une teinte de rouge qui, transparant avec son ton local, donnera à la surface qui la recevra une couleur orangée, résultat de la superposition du rouge sur le jaune. Cette teinte renvoyée par les rayons lumineux, s'appelle reflet; la couleur du reflet est toujours moins vive que celle qui la cause (1).

On distingue deux espèces de reflets : ceux qui ne sont que l'effet de la réflexion d'un seul corps coloré sur un autre, qu'on appelle reflets simples; et ceux causés par

---

lonne d'air, les premières lignes qui disparaissent sont celles qui forment son contour, qui devient indécis. Ensuite les parties qui présentent le moins de surface; et enfin ce n'est plus qu'une ombre légère, qui disparaît entièrement. Quand une personne s'approche de nous, le contour pur de ses formes est la dernière chose que nous apercevons distinctement.

(1) Le blanc est le champ sur lequel les reflets sont les plus vifs. Plus les clairs sont brillants, plus aussi les reflets sont lumineux. D'où il résulte que, les plus grandes lumières étant sur les premières plans, les plus grands reflets occasionnés par elles et répandus sur les ombres de ces plans, les éclairent, et les rendent moins sombres que celles qui sont plus éloignées.

deux corps lumineux et colorés, renvoyant leur reflet sur un troisième placé dans l'ombre, et qu'on appelle reflet composé : ils peuvent être doubles, triples, etc., etc., suivant le nombre des corps reflétants ; alors la couleur mixte qui se répand sur le corps qui reçoit le reflet, participe de toutes les couleurs qui lui sont renvoyées par les rayons de lumière lancés par les surfaces des corps environnants.

Les reflets sont plus ou moins vifs, selon que la couleur du corps qui les cause est plus ou moins claire et brillante, et que la teinte du corps reflété est aussi d'une couleur plus ou moins rompue (1).

Ce mélange continuel des couleurs locales renvoyées et fondues ensemble par les diverses réflexions des objets, est aussi une des principales bases du clair-obscur. C'est par ce moyen que les corps se détachent les uns des autres, et qu'on parvient à leur donner, par une savante répartition d'ombres et de lumières, l'apparence du relief. C'est encore par cet heureux artifice, que la nature unit par des teintes amies et par des dégradations insensibles, les couleurs, qui seraient dures et heurtées sans le secours de ces heureux intermédiaires.

Des contrastes.

Les contrastes ou oppositions éclaircissent une infinité de doutes et d'incertitudes qui pourraient s'élever au sujet de quelques effets naturels, qui semblent d'abord être en contradiction avec cette dégradation progressive

---

(1) On appelle couleurs rompues celles qui participent plus du blanc : les corps dont les surfaces sont polies ont la propriété de recevoir au reflet, non-seulement la couleur des corps qui les reflètent, mais encore l'image même de ces corps, comme l'eau, le marbre, les métaux, etc., etc.

des couleurs locales suivant leur éloignement. Il est positif que, dans la nature, deux choses dont l'une est éclairée et l'autre dans l'obscurité, étant rapprochées l'une de l'autre, la clarté de la première semblera augmenter, et l'obscurité de la deuxième deviendra aussi plus profonde par la comparaison subite que notre vue fait de cette lumière et de cette obscurité. Cette loi est la base de tous les divers effets causés par les contrastes ou choses opposées. On peut aisément reconnaître cette vérité, en observant deux surfaces appartenant à un cube : si l'une de ces surfaces est éclairée et l'autre dans l'ombre, l'arête qui les réunit nous paraîtra ramasser d'un côté le plus grand clair et de l'autre l'ombre la plus obscure, parce que dans ce cas le rapprochement de l'ombre à la lumière étant subit, le contraste se fait sentir davantage.

Le ciel paraît ordinairement plus lumineux et d'une teinte plus claire vers la crête des montagnes, que dans la partie qui s'en éloigne. Cet effet des oppositions se remarque sur-tout quand les montagnes sont boisées ou schisteuses, parce qu'alors, présentant une masse plus sombre et se détachant plus vigoureusement sur le ciel, le contraste est plus visible. C'est à cause de cela que, malgré la dégradation naturelle d'un objet selon les lois de la perspective aérienne, il arrive souvent que certaines choses sont vigoureusement prononcées, quoique placées cependant dans un grand éloignement. C'est ce que le peintre doit bien observer, afin de faire sentir l'opposition qui donne cet effet, qui paraîtrait une faute si la cause n'en était pas sentie.

On peut observer encore l'effet des oppositions sur les parties du ciel qui servent de fond aux objets terrestres, en plaçant son chapeau sur les yeux; car alors, si on remarque la partie du ciel placée sur sa tête, on s'apercevra que les bords du chapeau seront environnés comme d'une auréole lumineuse, et que l'azur du ciel deviendra plus obscur en s'éloignant de l'objet qui cause le constraste.

L'art de ménager les oppositions est l'une des connaissances les plus essentielles au coloriste. Celui qui entend cette partie de la peinture donne plus d'harmonie au sujet qu'il représente; car il sait, par d'heureux rapprochements, faire valoir les teintes qu'il emploie les unes par les autres, et parvient par cet artifice à créer d'admirables effets de couleur.

Des ombres (1).

L'ombre, n'étant que la privation de la lumière, est comme un voile qui se répand sur la partie des objets qui n'est point éclairée. On peut distinguer deux espèces d'ombres : celles qui voilent une ou plusieurs parties d'un objet ; et celles qui sont projetées par cet objet sur un autre, dont elles obscurcissent la teinte locale. Nous nommons les premières, ombres simples; et les secondes, des ombres portées.

Toute couleur qui est voilée par une ombre prend un ton plus ou moins obscur suivant qu'elle est plus ou moins brillante, et que les reflets des objets environnants renvoient sur son ombre une plus ou moindre quantité de

(1) Il n'est point question ici des ombres entières, car alors rien n'est visible, mais des parties d'un objet qui, n'étant point éclairées par les rayons directs de la lumière, ne sont pas entièrement obscures, à cause qu'elles sont légèrement éclairées par les corps éclairés qui les entourent, et qui par réflexion leur renvoient une partie de leur lumière qui permet de distinguer la couleur de ces objets.

rayons réfléchis. Les ombres sont très-noires quand les reflets qui les éclaircissent arrivent extrêmement affaiblis par l'éloignement des surfaces réfléchissantes. A cause de leur transparence, les ombres participent toutes de la couleur des objets qu'elles voilent; les simples conservent davantage la teinte locale que celles qui sont portées, parce que ces dernières se colorent aussi de la couleur des surfaces sur lesquelles elles se répandent. Si ces surfaces ont une autre teinte, il en résulte un mélange de tons participant de celui de l'objet qui porte l'ombre et de celui qui la reçoit. Supposons, par exemple, qu'une couleur bleue environne un objet coloré de jaune: la partie de cet objet voilée par l'ombre simple ne conservera point sa teinte locale dans l'obscurité; car cette surface ombrée prendra, dans ce cas, un ton verdâtre provenant du ton local et de la couleur environnante. Ceci suffit pour faire comprendre comment les ombres portées se mêlent davantage; car, si l'objet que nous venons de citer, étant toujours dans la même hypothèse, porte son ombre sur une table recouverte d'un tapis rouge, il est évident que cette ombre devrait être d'une couleur mixte résultat du jaune, du rouge et du bleu.

Les ombres qui sont à une certaine distance paraissent plus obscures, et nous distinguons moins les couleurs des objets qu'elles voilent. Celles qui sont tout-à-fait près de nous sont moins sombres, par la raison que, la plus grande lumière étant toujours au premier plan à cause que la petite quantité d'air interposé entre notre œil et elle ne peut l'affaiblir sensiblement, alors ses reflets étant beaucoup plus vifs, les ombres en deviennent plus douces et plus vagues (1).

(1) Cette distance à laquelle les ombres sont le plus fortement

De l'ombre du blanc.

Les surfaces blanches, n'ayant point de couleur propre, reçoivent facilement celles que leur renvoient les corps environnants. Comme toute superficie reçoit plus ou moins de la couleur du corps qui l'éclaire, et que son ombre conserve aussi cette teinte, il s'ensuit que le blanc éclairé par l'air doit être bleuâtre, et que son ombre doit aussi participer de cette couleur.

Les ombres ne sont jamais tranchées entièrement. Celles qui sont portées le sont davantage que les autres; elles dessinent ordinairement la forme du corps qui les projette : mais, comme il n'est point d'ombre sans pénombre, les bords en doivent toujours être fondus.

Sur les surfaces sphériques ou cylindriques, les ombres se ramassent toujours à une certaine distance du contour; et le passage du clair, ou point brillant, à l'ombre la plus forte, est toujours amené par une ombre adoucie qu'on appelle demi-teinte. La partie de l'ombre éclairée par les lumières environnantes, s'appelle reflet.

Préceptes sur divers effets de la lumière et des couleurs.

La perspective aérienne ne pouvant s'acquérir que par l'observation des effets de la nature, nous avons classé, avec le plus de méthode qu'il nous a été possible, les excellents préceptes donnés à ce sujet par Léonard de Vinci, et

---

prononcées est ordinairement à une trentaine de pas, et très-rapprochée dans les temps sombres et couverts.

Il faut observer que ceci n'est vrai que dans la campagne, et qu'il pourrait en être tout autrement dans un effet de clair-obscur d'intérieur, sur-tout si la lumière venait du fond du tableau.

répandus sans ordre dans son traité sur la peinture. Rien ne nous a paru plus propre à engager les jeunes artistes à méditer sans cesse sur les causes physiques de la couleur et de la lumière, que ces éléments précieux de la science dont nous parlons et qui termineront cette sixième leçon.

De la lumière suivant les éloignements.

Plus la lumière est près de nous, plus elle est vive : les objets qui en sont éclairés perdent de leur éclat à mesure qu'ils s'en éloignent, à cause des diverses couches d'air interposées, qui les affaiblissent à notre vue; d'où il résulte que les plus grandes lumières sont sur les premiers plans.

De la lumière sur les corps.

Les objets placés dans un lieu qui ne reçoit du jour que par en-haut doivent être plus obscurs vers la partie qui approche du sol sur lequel ils se trouvent, que vers celle qui s'élève au-dessus; parce que, plus ils sont élevés, plus aussi l'arc du ciel qui les éclaire est grand.

Des objets vus dans un brouillard.

Presque toujours les objets enveloppés dans un brouillard paraissent plus grands qu'ils ne sont en effet. On peut rendre raison de ce phénomène, de cette façon : les objets dans ce cas, se trouvant dans une athmosphère grossière, sont colorés d'un ton grisâtre, quoiqu'ils soient tout près de nous. Ordinairement nous n'observons cette teinte qu'à ceux qui sont vus dans le lointain et vers l'horizon, et ils sont alors rapetissés à proportion de leur éloignement.

Notre vue, ne jugeant que par comparaison en apercevant un objet confus et grisâtre et d'une dimension ordinaire, nous trompe et nous fait juger qu'il doit être bien grand, puisque ordinairement ceux qui ont cette teinte sont extrêmement petits et fort éloignés.

Des parties élevées d'un objet vu dans un air épais.

Les objets de couleur obscure paraissent d'autant plus petits, qu'ils sont placés sur un champ plus blanc et plus éclairé : d'où il résulte que l'air épais d'un brouillard nébuleux étant plus dense et plus blanc vers la partie qui s'approche davantage de la terre, qu'il ne l'est en s'élevant au-dessus, si alors on considère une tour dont la teinte est obscure, le pied de cette tour paraîtra plus étroit que son sommet.

Des lumières colorées.

Comme la lumière répand sur les objets sa couleur propre, il arrive quelquefois que les montagnes, et même les rues et les maisons d'une ville, sont colorées d'une teinte pourprée très-prononcée, et tirant plus ou moins sur le violet. Cet effet arrive souvent dans les pays chauds au lever et sur-tout au coucher du soleil, quand le ciel se trouve chargé d'épaisses vapeurs, et que, par l'effet des rayons du soleil qui les pénètre, elles paraissent embrasées.

Des objets vus à travers différentes couches d'air.

Il arrive quelquefois qu'une même chose paraît plus grande ou plus petite, selon que l'air au travers duquel nous l'apercevons est plus dense ou plus subtil qu'à l'ordinaire.

De deux objets également éloignés, celui qui sera vu par un air grossier paraîtra plus éloigné que celui qu'on apercevra au travers d'un air pur, par l'habitude que l'on a de voir les choses éloignées confusément et décolorées. De là vient qu'il ne faut jamais juger par certains temps de la véritable grandeur des objets éloignés; car ils peuvent paraître d'une grandeur inégale, quoique étant cependant de même dimension.

Par la même raison deux corps inégaux peuvent sembler de même grandeur, si l'air interposé entre l'œil et chacun de ces corps a la même disproportion d'épaisseur, et que le plus petit des deux soit vu au travers de l'air le plus épais.

De l'éloignement des objets par rapport à l'air.

De deux choses parfaitement semblables en obscurité, en grandeur, en figure, et également éloignées de l'œil, celle qui sera vue dans un lieu plus éclairé ou plus blanc paraîtra plus petite. Ceci est fondé sur cette vérité, que les objets de couleur sombre paraissent plus petits quand ils sont opposés à un champ lumineux ou blanc.

De l'obscurité des corps.

Toutes les surfaces possibles peuvent être obscurcies ou naturellement ou accidentellement. Elles le sont naturellement, quand la teinte locale qui les colore est sombre et rembrunie; et elles deviennent obscures accidentellement, quand elles reçoivent l'ombre d'un autre corps.

Ces deux sortes d'obscurités, étant placées à une grande distance, prennent aussitôt une teinte d'azur foncé.

Influence de l'air interposé sur les objets.

L'air interposé entre l'œil et un objet ou tout autre corps transparent, s'appelle milieu : ce milieu communique sa couleur aux choses que l'on aperçoit au travers; plus il est dense ou occupe d'espace, plus sa couleur domine et absorbe celle de l'objet qui est aperçu au travers. On peut facilement en faire l'expérience, en regardant la campagne au travers d'un verre coloré.

Des couleurs. — De l'apparence des couleurs.

Les couleurs claires sont celles qui paraissent davantage, et qu'on peut apercevoir à une plus grande distance. Les teintes sombres font l'effet contraire suivant leur degré d'obscurité.

Des superficies blanches.

Le blanc paraît ordinairement de fort loin, parce que les lointains étant toujours d'une teinte sombre et azurée, le blanc se détache en contraste sur ces lointains, et peut être vu à une grande distance.

Dégradation des couleurs.

Si une couleur quelconque est répandue sur une surface qui se prolonge vers un lieu obscur, cette couleur se dégradera insensiblement jusques au point où, étant tout-à-fait privée de clarté, elle disparaît entièrement à nos yeux. En général une teinte locale sera d'autant moins sensible, que le corps diaphane qui se trouvera interposé entre cette teinte et l'œil sera plus dense.

De la couleur propre des objets.

Les corps qui par réflexion en éclairent d'autres, communiquent à ces derniers leur couleur propre; il est évident que la teinte d'un objet ne peut être pure, qu'autant que la lumière qui l'éclaire participe elle-même de la couleur de cet objet.

Des couleurs considérées en-dehors d'un lieu fermé.

Les objets colorés, mais qui se trouvent dans un lieu clos d'où la lumière ne les éclaire que par une ouverture, paraissent être privés de toute clarté et de tout coloris quand on les considère de dehors. Cet effet est causé par le contraste de la lumière vive de dehors, qui fait paraître dans l'obscurité les objets qui sont dans l'intérieur, quoiqu'ils soient réellement colorés et éclairés.

De quelle manière une couleur paraît plus belle.

Il n'y a pas précisément de règles au sujet de la place que doit avoir telle ou telle couleur pour paraître plus belle et produire plus d'effet, puisque toutes les couleurs peuvent être soumises à une infinité de dégradations. Cependant, en général, les teintes vives et rompues exigent la vive lumière; celles au contraire dont le ton est sombre et rembruni font beaucoup mieux dans les ombres chargées. Les teintes mixtes sont plus harmonieuses dans les reflets; et l'on peut remarquer encore que certaines degradations, comme les tons verdâtres, grisâtres et violets, sont celles que réclament ordinairement les demi-teintes (1).

Quel fond est le plus favorable aux couleurs.

Parmi toutes les surfaces qui ne sont point transparentes, celles préparées au blanc sont les plus propres à faire valoir les couleurs que l'on place dessus. Ceci se comprend aisément, car le blanc est la lumière des autres couleurs; plus elles en reçoivent, et plus aussi elles deviennent brillantes et vives: donc la transparence d'une surface blanchie doit être favorable aux teintes claires et ne peut nuire à celles qui sont obscures, puisque alors, par contraste, ces dernières doivent paraître plus sombres encore.

Dans quel cas la couleur d'un reflet altère davantage celle de la surface qui le reçoit.

Si un objet est reflété par une surface qui soit placée à peu de distance, la couleur qu'il recevra altérera d'autant plus la sienne propre, que ce reflet viendra de plus près; et réciproquement sa couleur locale sera moins altérée par la réflexion, si elle vient de plus loin.

Quand le reflet est de la couleur de la surface qui le

---

(1) La demi-teinte est le passage de la lumière à l'ombre : c'est aussi dans le coloris la dégradation d'une teinte adoucie qui sert à lier deux couleurs différentes.

reçoit, cette dernière acquiert une teinte plus belle et plus parfaite que celle qu'elle avait avant.

Des couleurs qui servent de fond à d'autres.

Dans la nature, la couleur d'un objet n'est jamais confondue avec celle d'un autre. Car, s'il arrive que deux couleurs claires d'égale teinte soient placées l'une derrière l'autre, celle qui se trouve plus rapprochée de la personne qui l'observe paraît être plus éclairée que celle qui sert de fond. Cet effet a lieu, parce que l'air interposé entre l'œil et la couleur qui est derrière, étant un peu plus considérable, la dégrade davantage, et la rend plus obscure que celle qui est plus rapprochée, qui alors se détache en clair sur la plus éloignée.

Cet effet a lieu pour les couleurs sombres, par la même raison.

De la plus belle couleur d'un objet.

La couleur d'une surface opaque, qui sert de passage entre la partie ombrée et celle qui est éclairée, est toujours moins belle que celle qui est dans la grande clarté, parce que celle-ci doit être tout-à-fait pure; donc la beauté des teintes est toujours dans la principale lumière.

Quand la surface colorée est lisse et luisante, alors c'est la première dégradation après les rehauts lumineux, qui doit être la plus belle teinte; car ordinairement on est obligé de rendre ce point luisant par une couleur extrêmement dégradée et tirant presque sur le blanc, et très-souvent même par du blanc pur.

Des couleurs dans l'éloignement.

Les couleurs les plus près de l'œil doivent être vierges et simples ; et le degré de leur affaiblissement doit être toujours proportionné à celui de leur distance réciproque (1) : de même que les lignes des contours diminuent en s'approchant du point de vue d'un tableau, de même aussi les teintes colorées tiennent plus du ton de l'horizon, à fur et mesure qu'elles en approchent davantage.

Comment les couleurs peuvent se donner de la grace les unes avec les autres.

Afin que les couleurs se fassent valoir les unes avec les autres, on est souvent obligé de les unir ensemble par des demi-teintes insensibles, pour qu'elles ne tranchent point d'une manière dure et désagréable. La nature nous montre comment il faut agir en cela, par l'accord harmonieux des couleurs de l'arc-en-ciel quand le soleil, après un orage, darde ses rayons sur une épaisse nuée. C'est de cette sorte qu'il faut accorder les diverses teintes entre elles. Il est certaines couleurs qui tranchent et fatiguent l'œil quand elles sont rapprochées sans intermédiaires ; on les appelle couleurs ennemies : il en est d'autres,

---

(1) Il arrive souvent que, par des cas accidentels, cette règle semble varier ; et le peintre doit alors en indiquer la cause.

Il est bon quelquefois, pour mieux sentir l'effet des dégradations des objets qui, étant trop rapprochés, offrent une infinité de détails, de cligноter en les regardant. Les paysagistes emploient souvent ce moyen, pour mieux apprécier le ton local et l'harmonie des teintes.

au contraire, qui se font valoir par leur rapprochement subit. Le rouge, par exemple, aura une couleur plus vive, si on le place auprès du jaune pâle; s'il est au contraire en opposition avec du violet, ces couleurs jureront et deviendront dures. Le blanc, l'azur, le jaune, sont des couleurs amies; leur rapprochement est agréable sans le secours d'aucun intermédiaire.

Parmi les couleurs qui se favorisent l'une par l'autre, il en est qui par leur proximité augmentent d'éclat et de vivacité; et d'autres qui par leur contraste deviennent plus douces, comme le vert donne plus de moëlleux au rouge et nuit au bleu, etc.

C'est par la connaissance de ces diverses sympathies des couleurs, que l'on parvient à unir entre elles, par l'interposition d'une teinte mixte, deux tons dissonnants et ennemis.

Des couleurs.

Parmi toutes les couleurs, le bleu, qui est de toutes les autres celle qui approche le plus du noir, se transforme dans l'éloignement plutôt en azur qu'aucune d'entre elles. Au contraire celles qui contiennent le plus de blanc conservent davantage leur couleur à une grande distance.

Parmi les couleurs sombres, le vert se transforme en bel azur, et beaucoup plus facilement que ne le feraient des couleurs plus claires, etc.

Des surfaces luisantes.

Il n'est point de teintes plus difficiles à discerner que celles des surfaces polies et luisantes: car alors elles ont la propriété de se colorer facilement par reflet, des couleurs des objets environnants; et leur ton local est presque toujours altéré par ces réflexions multipliées.

Des surfaces colorées.

Quand les corps colorés s'éloignent de nous, la première chose qui disparaît de leur couleur doit être nécessairement d'abord l'éclat, qui en est la partie la plus délicate ; ensuite les grandes lumières doivent s'affaiblir ; puis les ombres les plus noires; et enfin les objets ne paraissent plus que dans une obscurité générale et médiocre, participant plus ou moins d'un ton grisâtre ou azuré, selon le temps ou l'heure du jour.

Remarques générales sur plusieurs effets de la lumière et des couleurs.

Les paysagistes doivent toujours observer les convenances dans leurs tableaux; c'est-à-dire se conformer à l'époque de l'année, à l'heure du jour et au temps qu'ils veulent représenter. Ne serait-il pas mal-adroit, par exemple, de peindre un paysage d'automne comme on le ferait à l'époque du printemps? car en automne les arbres commencent à prendre une teinte pâle et jaunâtre, beaucoup plus variée qu'elle ne l'est à cette saison de l'année où la nature semble renaître et communiquer à la campagne sa force et sa fraîcheur. Ne serait-il pas aussi inconvenant d'éclairer d'une belle lumière les objets vus à travers les brouillards d'un temps orageux, ou d'indiquer des plantes aquatiques dans un lieu sec et aride (1)?

---

(1) C'est une chose qui n'est pas inutile que celle de prévenir

Des nuages.

Quoique les nuages frappés par les rayons du soleil paraissent ordinairement trancher sur le fond du ciel, il ne faut point s'y laisser tromper; ceci n'arrive qu'à cause du contraste de ces parties lumineuses avec l'azur qui leur sert de fond. Les nuées étant des masses de vapeurs condensées et arrondies vers leurs extrémités, les rayons du soleil font sur elles le même effet que sur une surface sphérique; le plus grand clair n'est point au bord, mais vers les parties de ces masses le plus rapprochées de la lumière. Ainsi, quand on peint des nuages qui se trouvent éclairés comme nous venons de le remarquer, les bords devront en être adoucis et passés avec le fond par une demi-teinte, et les points brillants devront être mis à quelque distance du contour. On observera que, plus la masse de vapeurs est considérable, plus aussi les clairs seront éloignés du contour, pour indiquer par ce moyen l'épaisseur de la surface éclairée de ces nuages.

De la teinte du ciel.

Quand on peint un ciel, il faut faire en sorte qu'on reconnaisse dans toute son étendue la teinte primitive placée vers l'horizon, et qui indique le degré de lumière et l'heure du jour qu'on a voulu représenter; car, s'il en était autrement, il pourrait arriver qu'il fît nuit dans le haut du tableau, quand l'éclat du soleil brillerait vers l'horizon.

---

contre ces inconvénients, qui se rencontrent si souvent dans les ouvrages de l'art.

De la pluie.

Le ton local d'un temps pluvieux est grisâtre et plombé; les couleurs des objets terrestres prennent alors une teinte plus sombre et moins lumineuse qu'elles n'ont ordinairement. Les objets vus à travers la pluie s'aperçoivent confusément et à très-peu de distance: il faut bien se garder d'indiquer des ombres prononcées dans un temps couvert; car, les rayons du soleil ne paraissant point, la clarté sombre qui se répand généralement sur la campagne, en pénétrant au travers des brouillards humides qui la couvrent, n'en projette point, et rien dans ce cas ne doit être vigoureusement prononcé ni de formes ni de couleurs (1).

Des brouillards.

Plusieurs édifices qu'on aperçoit de loin vers le soir ou le matin, par un temps nébuleux et au travers d'un air épais, ne laissent voir de leurs façades que celles qui sont tournées vers la partie du ciel où est placé le soleil. Les autres parties de ces monuments, qui ne sont pas éclairées, peuvent à peine se distinguer, et sont de la couleur du brouillard dans lequel elles sont plongées.

Il arrive aussi que la partie la plus élevée d'une tour de laquelle on est fort près, et qui est enveloppée d'un air grossier, paraît plus confuse à l'œil dans la partie la plus élevée que vers son pied. Cela vient de ce qu'il se trouve beaucoup plus d'air grossier entre l'œil et la flèche

---

(1) On parle ici d'un temps brumeux, quand le ciel est entièrement couvert de toutes parts.

de cette tour, qu'il ne peut y en avoir de ce même œil à son pied (1).

De l'eau.

Les effets du ciel se réfléchissent dans une eau en repos; et les accidents de lumière causés par les nuages et les rayons du soleil, au coucher ou au lever de cet astre, sont très-beaux quand ils sont vus dans ces réflexions. L'eau prend ordinairement la teinte du ciel ou des objets qui sont vers ses bords. Elle en retrace fidèlement l'image et la couleur, mais avec des teintes affaiblies, et dans le sens inverse de ce qu'ils sont dans la nature.

Quand la surface de l'eau est légèrement ridée par l'agitation de l'air, les images réfléchies semblent interrompues et brisées de temps en temps selon des lignes parallèles; ce qui est causé par l'inégalité de la surface, qui, étant alors plus élevée à certains endroits, ne peut nous montrer la continuité des réflexions du côté que notre œil ne peut apercevoir. Quand l'eau est entièrement agitée, les réflexions deviennent confuses, et souvent même disparaissent entièrement. Les eaux bourbeuses et stagnantes réfléchissent les couleurs avec plus de vivacité que celles qui sont limpides.

Des arbres.

Il y aurait une infinité d'observations à faire au sujet des arbres, qui sont une des parties les plus essentielles du

---

(1) Ceci n'a lieu que lorsque l'observateur est très-près du monument. Quand il s'en éloigne, le contraire arrive, par la raison que nous avons indiquée au sujet de l'air.

paysage. Il y a un grand art à les bien distribuer dans une composition. Il faut faire choix de ceux d'une forme pittoresque et d'un feuillé large, pour le premier plan; placer dans les lointains ceux qui massent davantage, et qu'on peut rendre par une touche fondue. Il est absolument nécessaire de faire reconnaître l'espèce particulière des arbres que l'on représente ; ne les placer que dans des sites où ils croissent ordinairement, et dans le pays auquel ils appartiennent. Chaque espèce d'arbre a sa feuille particulière, sa couleur, la forme et l'habitude de ses branches. On doit observer comment tels ou tels arbres groupent leur feuillage, et rendre bien sensible, selon le plan qu'ils occupent, leur forme et leur espèce (1).

La lumière qui se répand sur un arbre ne l'éclaire pas également partout : comme la masse de son feuillé est ordinairement arrondie et plus épaisse vers le centre que vers les bords, c'est aussi vers le centre que les plus grands clairs doivent être placés.

Il faut observer encore de ne point découper durement les arbres sur l'azur du ciel, parce que les rayons lumineux, passant facilement au travers des branches légères qui terminent son contour, éclairent les bords du feuillage, et le fondent ainsi par une demi-teinte avec l'objet qui lui sert de fond (2).

---

(1) Beaucoup de paysagistes se sont contentés d'un faire large et d'une seule touche; mais on ne remarque pas cette négligence impardonnable, dans les ouvrages des grands maîtres en ce genre.

(2) Nous terminerons ici les principales remarques sur les effets sans cesse variés de la lumière et des couleurs ; plusieurs volumes réuniraient à peine celles qui ont été faites à ce sujet, et chaque jour l'artiste observateur en peut trouver de nouvelles. Celles que nous avons réunies ici nous ont paru les plus capitales et les plus

SEPTIÈME LEÇON.

Comment il faut observer la perspective quand on dessine d'après nature.

Avant d'indiquer aux jeunes gens qui veulent dessiner d'après nature, quels moyens ils doivent mettre en usage pour rendre, selon les lois de la perspective, les vues qu'ils desirent copier sur le terrain, nous croyons qu'il est utile de leur donner une idée de la méthode que les artistes emploient pour imiter fidèlement quand ils dessinent.

Ce moyen, que l'on croirait d'abord facile à pratiquer, est cependant la base de toute représentation exacte; et l'on ne saurait de trop bonne heure l'enseigner aux élèves, même en leur montrant les premiers éléments du crayon.

Nous ne pourrions jamais copier fidèlement, si le jugement ne guidait notre vue. L'œil irait en tâtonnant, et s'égarerait sans cesse, s'il n'avait un objet de comparaison. Le dessin copié n'est donc que le résultat de cette comparaison que nous faisons de toutes les parties d'un sujet les unes avec les autres; et c'est en retraçant avec exactitude les diverses analogies qui constituent l'ensemble du modèle, que nous parvenons à l'imiter (1).

---

propres à porter à la méditation l'esprit des jeunes paysagistes, qui doivent se convaincre et se bien pénétrer que c'est non par une imitation servile des ouvrages de l'art, mais en prenant toujours la nature pour guide, qu'ils pourront espérer de marcher un jour sur les traces, de ces hommes célèbres qui font le sujet de leur admiration.

(1) Toute imitation est basée sur l'observation de la perspective des lignes ou des formes, sur celle des lumières et des ombres, et sur celle des gradations et dégradations des couleurs locales.

Il est indispensable, quand on dessine d'après nature, de se bien rendre raison de la vraie position des lignes qui forment le contour du sujet que l'on copie, afin de pouvoir les placer de la même manière dans son ouvrage.

Parmi les diverses positions qu'une ligne droite peut prendre, il en est deux qu'il est plus aisé de tracer avec précision. Ces lignes sont les perpendiculaires et les horizontales. C'est aussi celles qui servent à comparer les autres.

Supposons, par exemple, que l'on veuille tracer le coin A B (fig. 23) d'un mur à talus; on conçoit facilement qu'il est difficile de saisir, sans objet de comparaison, la vraie inclinaison de la ligne A B, qui forme le coin de ce mur. Mais, si on pose un fil à-plomb à l'extrémité A de cette ligne, il devient aisé de juger alors que A B s'écarte de la perpendiculaire A S de la quantité B S. Traçant ensuite une perpendiculaire sur son papier, on marquera avec un petit trait l'écart S B, du point B auquel doit aboutir l'oblique cherchée.

On se sert du fil à-plomb pour déterminer les lignes obliques, en observant de combien elles s'écartent du pied des perpendiculaires auxquelles on les compare; en rapportant cette distance sur son dessin, mais comparativement à sa grandeur: c'est-à-dire que, si l'on copie de grandeur égale, la distance devra être portée telle qu'on l'a jugée; au contraire, si on rapetisse ou augmente les objets, cette distance devra aussi être diminuée ou augmentée proportionnellement.

C'est en fermant un œil qu'il faut rapporter le fil à-plomb sur les objets éloignés, afin de pouvoir plus aisément le faire passer par le point que l'on aura choisi; et c'est en traçant légèrement des lignes perpendiculaires et horizontales sur son dessin, que l'on établit la comparaison. Il ne faut jamais se servir de règle ni de compas, si l'on veut acquérir cette justesse de coup-d'œil qui est le partage du dessinateur exercé.

On compare les lignes de l'objet avec des horizontales, quand les obliques dont on veut apprécier la vraie position sont tellement inclinées à l'égard de la perpendiculaire, qu'il serait impossible de saisir et de rapporter le trop grand écart de leur pied à celui de la verticale, comme, par exemple, l'écart de l'oblique A X avec le pied S de A S. Alors, par le point A, menant l'horizontale A O, il devient plus aisé de comparer le pied X de A X, avec celui O de A O, puisque l'écart X O est infiniment moindre que celui X S. On se sert ordinairement du porte-crayon, pour obtenir les horizontales, en le tenant de niveau et le rapprochant de son œil. On trouve aussi par ce moyen beaucoup de facilité à jeter un ensemble composé de divers objets, si l'on détermine d'abord sur son papier tous les points de ces objets qui se trouvent sur les mêmes horizontales et sur les mêmes perpendiculaires (1).

Comment il faut déterminer le point de vue et choisir l'angle optique d'un dessin d'après nature.

Comme les règles de la perspective doivent toujours être observées dans tel genre de dessin que ce soit, et qu'il est cependant impossible de tracer le géométral d'un

---

(1) C'est de cette manière que, dans les ateliers de peinture, on cherche la pondération d'une figure que l'on copie, soit d'après la bosse, soit d'après nature. On fait passer un fil à-plomb par le sommet de sa tête, et on observe ensuite quels sont les points de

paysage dont on veut avoir la vue, nous allons fixer à ce sujet l'incertitude des personnes qui commencent à dessiner.

La première chose que doit faire le paysagiste, en arrivant sur le terrain, est de chercher dans la campagne, parmi les sites qui l'environnent, celui qui par ses belles lignes, la masse imposante des montagnes qui terminent ses lointains, et l'agencement pittoresque de ses fabriques, lui paraît plus propre à être choisi pour le sujet de son tableau.

L'élève, s'étant fixé sur le choix du lieu qu'il veut peindre, devra s'occuper à chercher dans quel endroit du paysage il placera son point de vue, sous quel angle optique il observera les objets, et quel espace de terrain cet angle embrassera.

Quel riche et varié que soit un paysage, il renfermera toujours un objet principal, plus digne, par sa forme ou par son importance, de fixer l'attention et d'embellir le sujet. Cet objet, devant toujours être présenté sous l'aspect le plus aimable, doit aussi déterminer le point de vue et la distance du tableau.

Supposons que le sujet principal du paysage A B (fig. 24), soit le château X ; il est évident que, si le dessinateur plaçait son œil en X, cette fabrique lui paraîtrait moins belle qu'en l'observant du point V qui, n'étant pas aussi élevé que le premier, laisse apercevoir plus agréablement les lignes et l'ensemble de cet édifice, en cachant les détails désagréables de son toit. Le point V, étant l'en-

---

la figure qui passent par cette perpendiculaire. On représente cette ligne sur son papier par une droite tracée légèrement dans le sens de sa longueur, et sur laquelle on place toutes les parties du modèle qui se trouvent sur sa direction.

droit du paysage d'où l'œil aperçoit le mieux les objets qu'il renferme, devra donc être choisi pour le point de vue de ce site, et servir, comme on va voir, à déterminer, selon les règles de la perspective, tous les autres points de cette campagne.

Du point de vue.

Le dessinateur s'étant placé de manière à ne voir ni trop en-dessus ni trop en-dessous l'objet principal, devra déterminer le point exact qui sera le point de vue de son tableau. Pour cela, il abaissera avec une règle 7 8 (fig. 25) élevée à hauteur de son œil et tenue parallèlement au terrain, une perpendiculaire dirigée directement devant lui. Cette ligne déterminera, à l'endroit du lointain où semblera toucher son extrémité la plus éloignée de l'œil, le point de vue cherché.

La ligne horizontale.

La ligne horizontale, devant passer par le point de vue, ne sera pas difficile à déterminer; il s'agira seulement de tenir parallèlement et à hauteur de son œil (fig. 25) une règle 1 2, qui donnera l'horizon, parce que cette ligne passera par le point V (fig. 24) et qu'elle sera parallèle au terrain. On remarquera quelques objets saillants placés vers ses extrémités, comme les arbres en H H (fig. 24), afin de savoir toujours à quelle hauteur elle se trouve, sans qu'il soit nécessaire de la chercher à chaque instant avec la règle.

La distance.

Le choix de la distance dépend du plus ou du moins d'étendue de pays qu'on veut embrasser, et sur-tout de la grandeur que l'on desire donner aux objets principaux, afin de pouvoir les distinguer commodément.

Supposons que nous avons choisi la distance V O (fig. 24), la seule qui nous permette d'observer les détails d'architecture de la fabrique X; supposons encore qu'il est nécessaire que la vue embrasse le plus possible d'espace de terrain. Il est positif qu'alors l'angle optique droit H O H sera le seul que l'on puisse choisir; puisque un angle plus aigu R O S ne pourrait réunir les deux avantages, de laisser distinguer aisément la fabrique X, et d'embrasser en même temps l'étendue de pays H H.

On s'assure de l'espace compris entre les côtés de l'angle optique, en plaçant d'abord son œil au point de la campagne qui lui correspond perpendiculairement et qui est le point de vue (1). Alors, formant avec deux règles 3 7, et 9 7 (fig. 25), un angle égal à celui qu'on a choisi (l'angle droit par exemple), et le portant à son œil du côté du sommet, on remarquera quels sont les points de la campagne auxquels aboutissent ses côtés; ces points, qui sont dans la figure (24) H H, indiqueront la plus grande étendue de l'ouverture de l'angle visuel H O H.

Placer sur le dessin le point de vue, l'horizon, et la distance.

Le point de vue, la ligne horizontale et l'angle optique étant choisis sur le terrain, et le dessinateur ayant bien observé les objets de la campagne qu'il a pris pour les

---

(1) Le point de vue devra être désigné dans la campagne par quelque objet saillant, afin de le trouver de suite et de pouvoir s'en servir pour déterminer la position des divers objets du paysage.

représenter, devra, avant de commencer son trait, fixer ces points sur son ouvrage: le point de vue sera le premier; il le placera au milieu, s'il veut, comme on vient de voir, embrasser le plus grand angle visuel possible: puis il tirera la ligne horizontale, en faisant passer par le point de vue une droite parallèle au bord inférieur du carton dont il se sert. Il marquera sur cette ligne, des deux côtés du point de vue. deux espaces égaux plus ou moins rapprochés de ce point, selon la grandeur qu'il desirera donner à son dessin. Du point de vue il abaissera indéfiniment une perpendiculaire à l'horizon, dirigée vers la partie inférieure du papier; ensuite, par les deux distances menant deux droites faisant des angles de 45° avec l'horizon jusqu'à la rencontre de cette perpendiculaire, l'éloignement de la section commune de ces lignes avec le point de vue sera la distance donnée par l'angle optique droit, que nous supposons avoir été choisi pour le tableau (1).

Cette préparation étant achevée, si l'élève a bien saisi les trois premières leçons de ce traité, il pourra mettre selon les lois de la perspective le paysage qu'il a devant les yeux, en observant de diriger toutes les lignes de son dessin aux mêmes points auxquels les lignes originales des objets réels vont aboutir dans le naturel.

(1) L'œil peut bien embrasser d'un seul regard, mais avec peine cependant, tout l'espace compris entre les côtés de l'angle droit; mais, afin que ce même œil aperçoive toutes les parties du tableau, il est nécessaire de retrancher environ un tiers de la distance V H portée des deux côtés du point de vue (voyez fig. 71). C'est donc la longueur K h (fig. 24) que l'on prendra pour la ligne de terre, au lieu de celle H H. On fera la même réduction proportionnelle à la distance portée sur le dessin.

On s'assurera qu'elles font tel ou tel angle perspectif avec le tableau (1), quand ces lignes vraies, étant prolongées avec la règle jusqu'à ce qu'elles rencontrent l'horizon fictif (2), iront passer par le point de vue, les points de distance, ou bien à tel autre point accidentel ou de rencontre quelconque, suivant qu'elles seront dans des plans de niveau ou non. Quand les lignes obliques relativement à l'horizon ou à la ligne de terre sa parallèle, ne feront point des angles de 45° avec elles, leurs points accidentels seront toujours sur la ligne horizontale si elles sont disposées dans des plans horizontaux. Mais ces points seront situés en-dessus ou en-dessous de l'horizon, si les plans dans lesquels sont comprises ces droites font des angles autres que l'angle droit avec celui du tableau.

Nous devons encore observer qu'il est souvent impossible de suivre avec la règle le point de rencontre de certaines obliques avec l'horizon, et même avec le fond du paysage; sur-tout quand ces obliques diffèrent peu de la position horizontale, ce qui jette alors leur prolongement à une trop grande distance hors de l'espace du terrain déterminé par l'angle optique, pour que la règle puisse y atteindre : nous pensons que cet inconvénient est de peu

---

(1) Nous avons imaginé l'instrument décrit (pl. 6), afin de donner aussi la facilité de mesurer les divers angles géométraux des lignes des fabriques situées dans la campagne : en plaçant un des côtés de l'angle perpendiculairement au point de vue choisi sur le terrain, et donnant à l'autre côté la direction de la ligne originale ou naturelle, le nombre de degrés de l'ouverture de ces angles sera marqué sur la corde qui mesure leurs ouvertures.

(2) Nous appelons horizon fictif la ligne horizontale donnée par la règle passant par le point de vue déterminé sur le terrain : cette ligne est censée exister réellement; et c'est à cause de cela que l'on a choisi deux points pour savoir toujours sa position.

d'importance pour une vue prise sur les lieux ; car, après avoir fait concourir au point de vue toutes les lignes du sujet formant un angle droit avec la ligne de terre, et avoir dirigé au point de distance celles qui sont inclinées de 45° à l'égard de cette même ligne, il suffit, pour trouver les diverses obliquités des autres, de les comparer, comme nous avons enseigné, avec des horizontales et des perpendiculaires. L'habitude de juger avec précision du rapport et de la position des lignes les unes à l'égard des autres, jointe à la connaissance des principes de la perspective, donneront aux dessins faits d'après nature, selon la méthode que nous venons d'indiquer, toute la justesse et la vérité qui leur est nécessaire.

Compas propre à mesurer les angles optiques quand on dessine sur le terrain, servant aussi à déterminer le point de vue et l'inclinaison géométrale de toutes sortes d'optiques (fig. 25).

Ayant été souvent à même d'observer l'embarras des élèves lorsqu'ils voulaient se servir de leur porte-crayon pour déterminer l'angle optique de leur dessin ainsi que la position du point de vue, nous avons imaginé un compas propre à remplir ce but avec plus de commodité et de précision.

Les branches du compas C A B (fig. 26) tournent sur une charnière A ; leur épaisseur est d'environ une ligne, et leur forme telle du reste que les représente la figure. On les fera de six pouces de long, et on marquera dessus la division par pouces et lignes d'un pied ordinaire. Environ vers le milieu E de la branche C A, sera placée une règle divisée en 90°, par le moyen d'un arc de cette quantité, de manière que, l'instrument étant ouvert, le plus grand angle que puisse mesurer la règle ES soit celui de 90° : dans la charnière qui est au sommet A, sera placée une aiguille mouvante AD, propre à donner, en plaçant son œil au sommet A, le milieu de l'ouverture de l'angle optique qu'on aura choisi. Ce milieu indiquera nécessairement le point de vue sur le terrain (1); et on remarquera, comme on vient de l'enseigner dans cette leçon, sur quel objet dans la campagne ce point de vue se trouve placé, afin de l'observer toujours quand on dessinera.

Ce compas doit servir aussi à déterminer l'obliquité de telle ou telle ligne naturelle (2) avec l'horizon fictif, par rapport au point de vue et à la ligne de terre que l'on a choisie sur le terrain, si l'on desire, à cause de l'importance du monument auquel elles appartiennent, en pouvoir tracer le géométral.

Pour connaître, par exemple, l'angle que fait avec l'horizon la ligne 3 4 d'un objet placé dans la campagne et dont on peut approcher, je place d'abord l'aiguille AD perpendiculairement à une droite donnée par une règle que je pose parallèlement à l'horizon fictif; je fais tourner ensuite la branche BA jusqu'à ce qu'elle prenne la position AX parallèle à la droite réelle 3 4 : observant alors, sur la règle graduée, de combien de degrés et partie de degrés est l'angle DAX, et rapportant cet angle sur

---

(1) Il faut, pour que l'aiguille détermine le point de vue du paysage qu'on veut dessiner, que l'instrument soit tenu de manière que les deux branches et l'aiguille soient dans un plan parallèle au terrain sur lequel on est, et qui est toujours censé de niveau.

(2) On entend par lignes naturelles, celles qui terminent le contour de quelque objet réel.

mon papier en ayant soin de placer le côté A D donné par l'aiguille perpendiculairement à une droite qui représentera la ligne de terre, j'aurai l'inclinaison géométrale de la droite originale proposée.

On voit que, par cette méthode, il est impossible de ne point dessiner d'après nature avec précision et sans commettre de fautes de perspective, sur-tout si l'on a bien saisi les notions que nous venons de donner sur cette science, et avec quelque habitude du dessin.

Remarques sur l'exécution du compas.

Le compas doit être en métal, construit légèrement afin de ne point embarrasser; la branche A C doit contenir, quand elle est fermée, la règle E S depuis E jusques vers C. Cette règle doit être en acier, extrêmement mince afin de ne point exiger beaucoup d'épaisseur dans les branches du compas, qui doivent en avoir assez cependant pour pouvoir recevoir aussi l'aiguille A D; de manière que, le compas étant fermé, son apparence sera celle d'un pied ordinaire. On le fera de la dimension d'un pied, pour qu'il en puisse tenir lieu au besoin. La coulisse 5, percée dans l'épaisseur de la branche A B, sera bien plus longue qu'il ne le faudrait pour recevoir la règle si elle était stable, afin qu'elle n'empêche point le compas de se fermer autant qu'on veut pour mesurer les angles très-aigus. Cette règle sortira entièrement de sa coulisse quand on voudra ouvrir tout-à-fait le compas, comme en M N, et en former une règle. Il servira aussi de compas au besoin, par le moyen des pointes ménagées aux deux extrémités B et C de chaque branche (1).

---

(1) Comme on ne saurait jamais trop répéter les principes qui sont la base d'une science, nous remarquerons encore ici qu'il

HUITIÈME LEÇON.

Divers moyens pour dessiner correctement le paysage d'après nature, sans le secours d'aucune opération de perspective.

Il existe dans la perspective une infinité de manières d'obtenir les mêmes résultats. Les auteurs que nous possédons se sont plu à montrer la profonde connaissance qu'ils avaient de cet art, et ont réuni dans leurs traités une grande quantité de pratiques extrêmement curieuses, à la vérité, mais en général inutiles aux jeunes gens, qui ne cherchent point d'abord à connaître ce que cette science offre de curieux, mais ce qui leur en est le plus nécessaire.

C'est pour achever de donner une idée exacte de la perspective naturelle, que nous allons montrer les divers moyens employés pour dessiner ou plutôt pour calquer la nature. Parmi ces méthodes plus ou moins ingénieuses, celle indiquée par Léonard de Vinci est sans contredit la plus simple et la seule dont on puisse réellement se

---

ne faudra pas faire entrer dans son dessin tout l'espace de terrain compris entre les branches du compas. Il en faudra perdre un tiers de chaque côté à partir du milieu, afin que le tableau soit inscrit et non circonscrit. (Voyez les planches 6 et 7, première leçon).

Quoique l'ouverture du compas donne toujours l'espace de terrain compris entre les côtés de tel angle optique qu'on voudra, il est évident que, si le choix du sujet l'exige, il n'est pas nécessaire d'employer cet espace en entier, et que l'on est libre de le borner selon que l'on veut placer le point de vue plus ou moins vers un des côtés du dessin.

servir; aussi en fait-on souvent usage quand le sujet qu'on veut rendre exige une grande précision, et embrasse une infinité d'objets. Rien n'est plus propre aussi à démontrer la perspective et la faire, pour ainsi dire, toucher au doigt aux personnes qui auraient de la peine à s'en former une idée juste.

L'instrument propre à ces résultats, est extrêmement simple et facile à transporter (fig. 29). Il s'agit seulement d'avoir une vitre encadrée dans un châssis et suspendue en équilibre par deux branches de fer, placées verticalement et réunies en-dessous de la glace en forme de pied : ce pied doit être pointu, afin de pouvoir être fiché dans telle partie du sol que l'on veut.

Manière de dessiner sur la glace (1).

Pour se servir de la glace, il faut la placer verticalement entre soi et le site que l'on veut peindre. On s'en éloignera de manière à avoir le bras presque tendu pendant qu'on dessine. Ayant ensuite déterminé le point de vue sur le terrain, il sera nécessaire de faire une marque à l'endroit de la glace où il se trouvera placé.

Cette disposition étant achevée, on fermera un œil et on tracera sur la glace avec un crayon blanc les objets que l'on aperçoit au travers, observant de ramener toujours son œil, avant de tracer une ligne, au point de vue marqué sur le carreau. Il est facile, quand plusieurs objets sont tracés, de ne point varier en regardant de temps en temps s'ils ne sortent pas de leurs contours tra-

(1) Il faut passer sur la glace, avant de s'en servir, un blanc d'œuf battu avec de l'eau, afin que le crayon puisse mordre et rester dessus quand on dessine.

cés sur la vitre. Ayant achevé de cette manière le trait de tout le paysage ou autre sujet qu'on aura copié, on le retirera en le calquant; et il sera facile alors de le transposer sur le papier, ou sur la toile si on desire le peindre.

Les objets dessinés ainsi seront plus ou moins grands selon que l'on sera plus ou moins éloigné d'eux : mais la perspective s'y trouvera toujours rigoureusement observée ; et il serait bon d'employer ce moyen pour applanir aux elèves les difficultés de cet art.

Autre instrument pour dessiner d'après nature.

L'instrument dont nous allons parler exige quelque habitude du dessin ; il est beaucoup plus compliqué que celui qu'on vient de voir, et n'offre pas la même facilité d'exécution. Cependant on peut l'employer avantageusement dans les démonstrations de perspective, comme on va voir par sa construction.

Faites un châssis d'environ sept pouces de long sur six de large (fig. 28); tracez sur le plus grand côté de ce châssis un nombre de divisions égales , plus ou moins rapprochées suivant le plus ou le moins de facilité que l'on aura à dessiner; portez une de ces divisions sur l'autre côté du cadre, autant de fois qu'elle pourra y être contenue; par tous ces points attachez des fils de soie de l'une à l'autre, de manière que toute la surface du châssis soit garnie de quarrés égaux. Ajustez ensuite ce châssis à l'extrémité d'une planchette, au moyen de deux charnières; donnez à cette planche dix à onze pouces de longueur; disposez, à son autre extrémité, une petite plaque de carton ou de bois de trois pouces quarrés , percée à son centre d'un oculaire d'une ligne de diamètre. Faites faire un pied portatif que l'on puisse planter en terre, et sur lequel on aura ménagé le moyen de fixer la planchette dans une position horizontale. Alors, par le moyen des charnières, on donnera au châssis et à la petite plaque posée vis-à-vis la position verticale, afin de se servir de cet instrument comme on va l'enseigner.

Moyen de dessiner au châssis.

Il est nécessaire, avant de se servir du châssis, d'avoir divisé la feuille de papier sur laquelle on veut dessiner, en autant de carreaux égaux qu'il y en a dans le châssis; ces carreaux pourront être plus petits ou plus grands, selon la grandeur qu'on voudra donner à son ouvrage.

Après cette préparation, dirigez le châssis en face de la campagne que vous allez copier, et cherchez l'aspect qui vous paraîtra le plus avantageux pour être peint. Observez ensuite par l'oculaire, si vous apercevez toute l'étendue de pays nécessaire dans les carreaux du châssis; et placez-vous alors de manière que votre œil puisse sans gêne regarder par l'oculaire et rapporter alternativement tous les objets qui seront contenus dans chacun des carreaux du châssis, dans ceux qui leur correspondent sur votre papier : c'est par ce moyen que vous parviendrez à exécuter le dessin exact des objets que vous aurez voulu imiter. Ce dessin sera rendu avec d'autant plus de vérité, que le point de vue donné par le trou de la planchette n'aura pu varier pendant l'exécution du trait (1).

---

(1) On voit plus ou moins d'étendue de terrain, suivant que l'objet est plus ou moins rapproché du châssis.

Chambre claire ou Camera lucida (fig. 27).

La chambre claire, inventée par Wolaston, sert aussi à calquer les contours d'un objet pour en obtenir un trait précis, et selon les lois de la perspective naturelle.

Cet instrument ingénieux consiste en un prisme de verre à quatre faces, dont deux sont perpendiculaires et les deux autres inclinées d'un angle déterminé suivant la densité du verre, afin d'obtenir par l'incidence des rayons qui viennent frapper en-dedans les surfaces du prisme, des réflexions égales et dirigées dans l'intention de faciliter la vision.

Ce prisme est encaissé par une de ses bases dans une boîte de métal d'environ six lignes de profondeur, à laquelle est soudée, une verge qui glissant dans une coulisse pratiquée dans le pied de l'instrument, sert à tenir le prisme dans une position horizontale.

A la boîte dont nous venons de parler est attachée une petite règle en métal; elle est mobile et percée, au milieu, d'un petit trou servant d'oculaire.

Quand on veut dessiner, on doit placer la règle de manière que le trou percé au milieu soit divisé diamétralement par une des arêtes du prisme destinée à cet effet. C'est sur cette moitié de l'oculaire occupé par le prisme, que l'œil doit chercher à reconnaître le sujet qu'il a devant lui, tandis que, dans la partie du trou qui ne porte point sur le verre, on aperçoit l'extrémité du crayon qu'on tient à la main et qu'on peut alors guider de manière à calquer les objets qui se présentent sur la surface plane du papier (1) posé horizontalement dessous le prisme.

---

(1) Cet instrument exige quelque habitude, afin de pouvoir s'en servir avec facilité : mais nous pensons cependant que son usage pour le dessin ne peut être généralisé.

Chambre obscure.

De tous les moyens usités pour observer la nature et en étudier les effets, il n'en est point sans contredit de plus merveilleux que ceux donnés par la chambre noire. Cette invention avait autrefois le désavantage de représenter les objets extrêmement défigurés par la forme de la lentille qu'on y employait : on vient de trouver le moyen de faire presque disparaître cette défectuosité; et les images vivantes et naturelles que ces instruments présentent aujourd'hui, offrent le double avantage de rendre avec plus de vérité la position des lignes suivant les phénomènes de la vision, et de dévoiler aux jeunes artistes les secrets de la perspective aérienne et de cette belle harmonie de couleurs que l'art jamais ne saurait égaler (1).

La construction de la chambre noire est aisée à exécuter; car, si l'on pratique une ouverture circulaire dans un volet de fenêtre, de manière que la chambre ne reçoive d'autre lumière que celle donnée par cette ouverture, les objets de dehors viendront se peindre avec leur couleur sur le mur du fond de l'appartement. Si on applique un verre convexe de trois ou quatre pieds de foyer au trou pratiqué dans le volet, et que l'on place un papier blanc pour recevoir l'image colorée, les objets se

---

(1) Les loupes nouvellement inventées par M. Cauchois sont employées pour corriger la chambre obscure : elles sont à surfaces cylindriques; et l'on peut s'en former une idée en imaginant deux sections de cylindres faites du haut en bas, c'est-à-dire d'une base à l'autre, et appliquées ensuite l'une sur l'autre de manière que ces deux sections soient à sens contraire. Elles présentent alors de chaque côté une surface de cylindre droit, d'où elles tirent leur nom : le foyer de ces lentilles est quarré, et elles ont l'avantage de moins tourmenter la forme des objets que l'on y considère.

peindront alors avec plus de force et de netteté qu'auparavant, sur le foyer disposé à une distance convenable de la lentille.

Ce principe de dioptrique fit imaginer aux peintres d'utiliser les étonnants effets de la chambre noire. De là est venue la grande quantité d'instruments divers fondés sur ce principe, et plus ou moins appropriés à l'usage auquel on les destinait.

Toutes ces différentes constructions de chambres obscures peuvent se réduire à trois principales : celle dans laquelle le miroir est placé par dessus la tête de l'observateur, et qui donne l'image renversée; celle dont la glace est à hauteur de l'œil de l'observateur, qui représente les objets sans être renversés et sur une surface verticale; et celle qui exige la glace en-dessous du dessinateur, et dont l'image se peint, sans être renversée, sur un verre dépoli placé horizontalement. La forme la plus ordinaire des chambres obscures est pyramidale (fig. 30), et consiste en quatre pieds, d'environ soixante pouces de haut, attachés avec des charnières à une petite planche dans laquelle est percé le trou par où passe le tuyau qui porte la lentille. A côté sont placées deux verges de fer posées perpendiculairement et propres à contenir le miroir réfléchisseur en équilibre au milieu d'elles, et auquel on fait prendre la position que l'on desire, par le moyen d'un cordon qui vient aboutir dans l'intérieur de la chambre. Les quatre pieds étant écartés, on place entre eux, par le moyen de crochets et à hauteur d'appui, une autre petite planche quarrée qui sert de table, et sur laquelle est placé horizontalement le papier qui reçoit le foyer de la lentille, et les objets qui s'y viennent peindre et qu'on peut y fixer en traçant leur contour avec un crayon ou une plume. Pendant qu'on dessine, il faut couvrir l'espace compris depuis la planchette de dessus jusqu'à la table, et ne laisser qu'une petite ouverture afin d'entrer la tête dedans. Le dessinateur doit tourner le dos aux objets qu'il calque, parce que la réflexion du miroir et de la lentille les renvoient sur le papier en sens contraire de ce qu'ils sont réellement; c'est pour cela qu'il est nécessaire de se placer ainsi, afin de ne point les voir renversés.

Les objets vus dans la chambre noire sont d'un effet plus vif et plus agréable, quand ils sont frappés de la lumière du soleil.

Les chambres noires, dans lesquelles le miroir est placé à hauteur de l'œil de l'observateur, sont moins propices que les autres à faciliter le calque des objets, et nous pensons qu'elles doivent être employées quand on veut seulement y observer les effets de la couleur. C'est ordinairement dans un petit appartement qu'il faut les établir. On adapte au volet de la fenêtre, que l'on a percé exprès, le tuyau qui porte la lentille. Il est toujours nécessaire, quand même la fenêtre serait bien située et découvrirait un beau point de vue, de se servir d'un miroir réfléchisseur pour ramener les objets sur la loupe, afin de ne point les voir renversés, comme il arriverait sans cela. On placera verticalement et à la distance du foyer de la lentille une grande glace dépolie ou du papier végétal (1).

(1) Ce papier transparent a été nouvellement inventé. On l'appelle ainsi, parce que les substances qui servent à le composer sont végétales. La paille sur-tout en est la principale base.

C'est en regardant du fond de l'appartement, qu'on verra les effets de la nature admirablement rendus sur la glace ou le papier servant de foyer. On peut donner davantage l'apparence d'un tableau à cette peinture animée, en se servant de préférence d'une lentille cylindrique.

Miroir concave.

Si la chambre obscure offre les effets de la nature et peut être d'une grande utilité dans l'étude de la perspective aérienne, l'expérience nous a appris que les miroirs concaves avaient une grande supériorité sur elle en cela même. Car, si ces instruments perfectionnés n'offrent plus les mêmes défectuosités, cependant, sous le rapport de la vérité des couleurs qu'ils retracent, il est incontestable que les images réfléchies par les miroirs concaves sont bien plus vraies et plus naturelles, n'ayant point ce ton argentin et diaphane répandu généralement sur les lumières et sur les ombres de la chambre obscure. Au contraire les objets vus dans le miroir concave, quoique rapetissés et un peu défigurés à cause de la légère courbure de leurs surfaces, nous représentent avec la plus grande vérité les effets de la lumière.

La difformité de ces miroirs peut être tout-à-fait corrigée en les faisant entièrement plans. Alors les couleurs et les formes qui s'y peindront, seront telles qu'elles sont réellement; et les artistes en tireront une grande utilité, par la comparaison qu'ils pourront faire du coloris de leurs tableaux avec les effets naturels que ces glaces leur représenteront.

La réflexion des rayons ne se fait pas sur ces miroirs comme dans les glaces ordinaires. Car, dans ces dernières, les rayons lumineux ne sont réfléchis que sur la seconde surface étamée; et c'est au contraire sur la première que cette réflexion s'opère pour les vues dont nous parlons. Cet avantage fait qu'ils ne peuvent présenter l'image double, comme il arrive quand on considère par côté une glace étamée.

Ces miroirs ont leur première surface colorée, afin de ne point laisser pénétrer les rayons. Les noirs sont les plus propres à l'étude.

Les objets réfléchis sur la première surface de ces verres préparés, offrent l'aspect d'une peinture parfaite; et c'est à cause de cela que le peintre peut y lire plus parfaitement qu'il ne ferait sur la nature même, la vraie couleur locale (1).

Du lavis des plans, et des signes et couleurs de convention propres à chaque genre de cartes.

On a un grand nombre d'écrits sur la manière d'exécuter et de colorer les divers plans usités parmi nous. Les cartes topographiques ont sur-tout été le sujet de beaucoup de systêmes, tendant tous à améliorer ce genre de dessin et à le rapprocher le plus possible de l'imitation naturelle. Ces sortes de peintures aquarelles s'appellent

---

(1) Nous ne voulons point faire entendre qu'il faut se borner à copier la nature dans ces miroirs; au contraire, ce n'est que lorsque le brillant de la lumière répandue sur les objets en rend le ton de couleur difficile à lire et à apprécier, qu'il est bon d'avoir recours à ces réflexions.

Parmi les instruments propres à calquer, nous n'avons point parlé du pantographe, qui sert à réduire ou agrandir, parce qu'il ne peut s'appliquer qu'à la copie d'un objet déja dessiné, et que nous n'avons cité que ceux applicables à l'étude de la perspective.

paysages-plans. Nous ne chercherons point à approfondir jusques à quel point de vérité et d'utilité générale peut atteindre cette nouvelle manière de traiter les cartes. Nous nous bornerons seulement ici à désigner le plus clairement possible les différentes méthodes pratiquées pour laver les plans, et les couleurs employées pour les colorer. Les cartes ou plans se divisent en générales et particulières. Les cartes générales peuvent ne montrer que des intérieurs de pays; alors on les appelle géographiques: ou bien représenter l'espace des mers et les côtes qui les environnent; elles prennent dans ce cas le nom de cartes hydrographiques. Si les plans ne représentent qu'un lieu particulier, ils s'appellent plans topographiques.

Les cartes générales, étant destinées à représenter une grande étendue de pays, sont ordinairement dressées sur de très-petites échelles; et, les objets y étant représentés dans une fort petite dimension, on se contente, pour les indiquer, des couleurs et des signes de convention employées à cet effet.

Des couleurs nécessaires au lavis des plans.

Pour donner plus de grace et faire plus facilement ressortir et distinguer toutes les parties d'un plan, il est d'usage de les indiquer par des couleurs qui servent à les désigner, ou à les peindre avec leurs teintes locales, si c'est un plan topographique et dressé sur une grande échelle. L'art de distribuer ou de nuancer ces teintes s'appelle lavis (1). Les couleurs propres au lavis des cartes

(1) Nous nous bornerons à désigner les couleurs propres à indiquer tel ou tel objet, sans entrer dans aucun détail sur la manière de traiter plus ou moins agréablement et avec art

topographiques sont celles qu'on emploie pour les aquarelles. Celles strictement nécessaires pour désigner seulement les signes de convention, sont : 1° l'encre de la Chine, 2° le carmin, 3° la gomme-gutte, 4° le vert de vessie, 5° la terre d'ombre ou le bistre, 6° l'indigo et quelquefois la seppia.

Toutes ces couleurs se délaient dans des godets avec de l'eau gommée; excepté le vert de vessie et la gomme-gutte, qui le sont naturellement. On se sert de pinceaux de plume de diverses grandeurs, et entés deux à deux, afin de fondre avec l'un la teinte que l'on a déposée avec l'autre.

Quand les objets d'un plan sont sur une assez grande échelle et qu'on veut les traiter en paysages-plans, il est nécessaire avant de colorer, de commencer par mettre légèrement à l'effet toutes les parties ombrées avec des teintes d'encre de Chine ou de seppia dans certains endroits. Cette préparation étant achevée, c'est en superposant par couches légères et peu chargées les teintes colorées, qu'on parvient à atteindre la transparence et la vigueur qu'on desire donner au sujet représenté. Quand on a poussé au degré de ton nécessaire toutes les parties du plan, on doit les accorder en passant des teintes azurées extrêmement légères et couchées généralement en manière de glacis. C'est par ce moyen qu'on parvient à répandre sur son ouvrage cette harmonie sans laquelle un dessin colorié fatigue et déplaît à l'œil (1).

---

ces sortes de dessins. Nous remarquerons seulement que les personnes qui sauront dessiner le paysage, exécuteront toujours avec plus de goût les cartes topographiques, que celles qui se borneront aux simples signes et couleurs de convention.

(1) Tout ceci ne doit être pratiqué que pour le paysage plan,

Manière de toucher et de colorer les divers objets terrestres.

Montagnes (1).

Les montagnes, suivant leur plus ou moins d'élévation, doivent être plus ou moins prononcées sur le plan. Leur couleur doit indiquer le plus possible la qualité de leur terrain; et, si elles sont boisées, on les couvrira de petits arbres touchés avec esprit, ou seulement par des teintes verdâtres et nuancées.

Des arbres.

La couleur et la forme des arbres exige aussi les mêmes observations que pour les montagnes : si l'échelle est grande, il faudra en indiquer l'espèce par la touche et la couleur. Si l'échelle est petite, on les groupera le plus pittoresquement possible, en indiquant leur ombre portée.

Rivières.

Les rivières sont colorées en bleu en chargeant davantage la teinte vers les bords.

---

les lavis ordinaires des plans n'ayant besoin que de touches fondues et légèrement dégradées.

(1) Il existe des plans qui ne sont point coloriés, et mis seulement à l'effet avec des teintes de lavis ou des traits de plume. On a imaginé d'indiquer aussi les diverses hauteurs des montagnes par des traits parallèles.

Marais.

Les marais doivent être indiqués avec un mélange de bleu et de couleur de terre. On jettera çà et là sur leur étendue de petits plants de joncs, afin de les mieux faire connaître.

Des courants.

On indique les courants par une flèche, la pointe dirigée du côté du cours de l'eau.

Étangs.

Les étangs se colorent comme les rivières; et, s'il y a des parties marécageuses, on les indique comme les marais.

Chemins.

Pour tracer les chemins, on en suit les contours avec deux traits parallèles de couleur de terre qu'on répandra, mais plus légèrement, sur toute leur surface.

Prairies.

Les prairies s'imitent par de légères teintes de vert, tirant plus ou moins sur le jaune, et que l'on charge en certains points, pour rompre la monotonie et leur donner plus de grace.

Terre labourée.

Pour rendre ces sortes de terrains, on sillonne dans divers sens, et avec des verts mélangés, l'espace qu'ils occupent. On observe de laisser en quelques endroits le fond couleur de terre, et dans d'autres un vert plus clair que le sillon.

Bois.

Les bois doivent être touchés à la plume, et colorés avec plusieurs mélanges de vert qui servent à les grouper plus agréablement. On peut de temps en temps y indiquer des clairières. Le carmin, mêlé avec la gomme-gutte, forme des tons rougeâtres propres à donner un dessous harmonieux.

Jardins.

La distribution des jardins, leurs vergers, leurs allées, etc., doivent être touchés légèrement et à la plume ou au pinceau, avec différentes teintes, afin de varier les plantes, les gazons, etc., etc.

Signes et couleurs propres aux cartes hydrographiques.

Des mers.

La mer, réfléchissant la couleur du ciel, est aussi représentée sur les cartes avec une couleur verdâtre ou azurée. Les parties qui touchent le contour des côtes doivent être plus chargées, afin de détacher plus agréablement ces mêmes contours.

Haute et basse-mer.

Les hautes et basses-mers doivent être ponctuées à l'encre de la Chine ou au carmin; on les colore ensuite d'une couleur de jaune rougeâtre, ou quelquefois aussi de plusieurs dégradations de bleu pour indiquer les différentes gradations de la marée.

Inondation.

Les parties d'un pays sujet aux inondations seront légèrement tracées; et on répandra dessus une teinte d'eau, au travers de laquelle devra transparer le ton du terrain.

Dunes et falaises.

Les dunes doivent être colorées comme les autres escarpements, mais avec des couleurs plus blanchâtres.

Roches qui ne découvrent jamais.

Ces roches sont indiquées par le trait de leurs contours, qui doit être pointé et entièrement couvert de la teinte d'eau. On doit y remarquer ce signe ∓.

Roches qui couvrent et découvrent.

Ces roches doivent aussi avoir leurs contours pointés et couverts par le ton de l'eau, à travers laquelle on doit apercevoir la couleur de terre ; le signe qui leur est propre est ∓ +.

Banc de sable.

Ces sortes de bancs doivent être entièrement pointés et colorés avec un ton jaunâtre-rouge, ou de couleur d'eau, s'ils sont couverts.

Rade.

Une rade doit être marquée sur la carte par de petites

ancres. On indique aussi, dans les rades, les diverses brasses de profondeur par des numéros.

Escadre.

Les escadres, si on en veut représenter, s'indiquent par de petits bâtiments placés les uns auprès des autres; et leur route peut être tracée par des traits pointés.

Signes employés dans les plans d'architecture militaire et civile.

Des lignes.

On emploie différentes lignes dans le tracé des fortifications; c'est-à-dire que certaines parties doivent s'exécuter avec des traits plus épaissis, et d'autres au contraire avec des traits extrêmement déliés. Par exemple, les lignes d'un parapet, ses côtés extérieurs et intérieurs sont tracés fortement comme celles du chemin couvert et des traverses du terre-plein du rempart et de son talus.

Quand on trace des monuments et des murs, on tâche de désigner par la force ou la finesse des lignes qui les indiquent, l'endroit d'où vient la lumière, qui est assez ordinairement supposé à la gauche du papier. Les traits épais marquent le côté du plan dans l'ombre, et ceux déliés celui qui reçoit le jour (1).

Quand on suppose les objets élevés sur le géométral, comme il arrive dans la perspective cavalière (2), alors

(1) Éléments de fortification de M. Le Blond.

(2) Il ne faut, pour exécuter les perspectives cavalières, qu'élever

toutes les parties d'un plan sont susceptibles de quelque effet de clair-obscur; et on suppose presque toujours dans ces dessins le jour venant par un angle de 45°.

L'encre de la Chine sert à tirer toutes les lignes des plans et profils, excepté celles qui représentent une épaisseur de maçonnerie, parce qu'elles doivent être alors tracées avec du carmin.

On entend par ligne magistrale, le premier trait d'une fortification. C'est au carmin que cette ligne doit se tracer quand la place est revêtue; dans le cas contraire, ces lignes sont marquées avec de l'encre de la Chine ainsi que toutes les autres lignes du plan.

Ouvrages de maçonnerie.

Tout ce qui est ouvrage de maçonnerie est tracé avec du carmin, ainsi que les murailles, les maisons, et tous les édifices d'une ville.

On répand aussi cette teinte, mais plus légèrement, sur l'espace renfermé par ces ouvrages.

Projets.

Si les ouvrages de maçonnerie ne sont que projetés, on les colore en jaune. Si le projet n'est point arrêté, les lignes de ces monuments devront être ponctuées. Ces mêmes règles servent aussi pour les édifices civils.

---

de tous les angles du plan des lignes égales à la hauteur qu'on veut donner aux élévations, et réunir les extrémités supérieures de ces lignes par d'autres menées parallèlement à celles du plan, sans les assujettir à aucun point évanouissant ou de rencontre.

Ouvrages détruits.

Quand des ouvrages de maçonnerie ont été détruits, on les ponctuera en rouge ; et, s'ils étaient seulement en terre, les lignes seront en noir.

Souterrains.

Les souterrains, les canaux ou conduits d'eaux sont aussi rendus sur le plan par des lignes ponctuées.

Casernes et hôpitaux.

Les casernes et hôpitaux doivent être colorés d'un ton bleuâtre.

Voûte.

Les voûtes s'indiquent par des lignes croisées en diagonales.

Parapet.

Ordinairement le parapet se lave à l'encre de la Chine. Les banquettes ne se lavent point, ni le chemin couvert.

Les glacis, talus et gazons.

Le vert de vessie sert à laver les parties d'une fortification recouvertes de gazon, comme les glacis, etc.

Les fossés.

Quand les fossés ont de l'eau, il faut les colorer, comme on fait pour une rivière, et seulement d'un ton de terre quand ils sont secs.

Terres éboulées.

En général tout ce qui est terre doit être de couleur bistrée.

Boiseries.

Ces objets se colorent de leur ton local. Les ponts se peignent aussi couleur de bois.

Ferrures.

Le bleu est généralement employé pour colorer les ouvrages qui sont en fer.

Champ de bataille.

Les champs de bataille seront indiqués sur les cartes par deux sabres en croix, la pointe en haut, si la troupe à laquelle appartient le terrain a vaincu; et la pointe en bas, si le contraire est arrivé. On désigne aussi les corps de troupes par de petits parallélogrammes colorés, suivant la couleur de la nation à laquelle ils appartiennent; mais en général ces signes conventionnels peuvent être variés, et dans ce cas l'auteur de la carte en donne l'explication dans le cartouche.

Marche de troupes.

Si l'on a à rendre plusieurs camps, le plus essentiel devra être rendu avec un trait plein, les autres seront ponctués seulement. Les marches de troupes seront indiquées par des lignes ponctuées.

TABLE.

PREMIÈRE PARTIE.

DEUXIÈME PARTIE.

FIN DE LA TABLE.

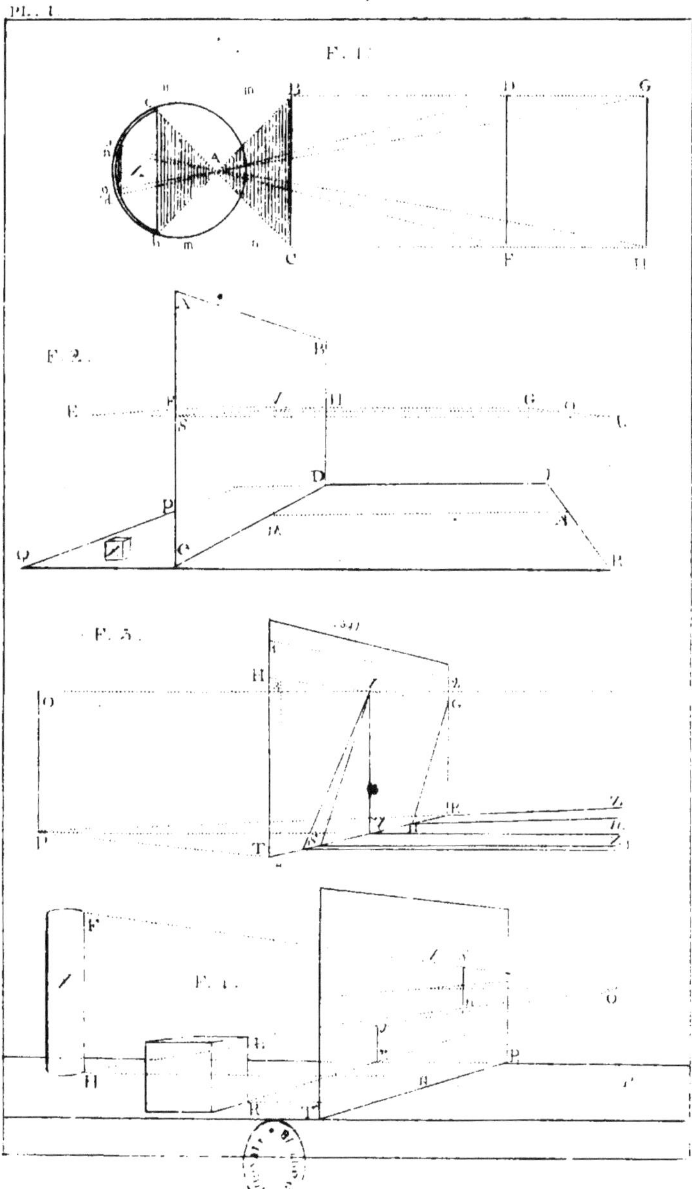
PL. I.
F. 1.
F. 2.
F. 3.
F. 4.

Pl. II

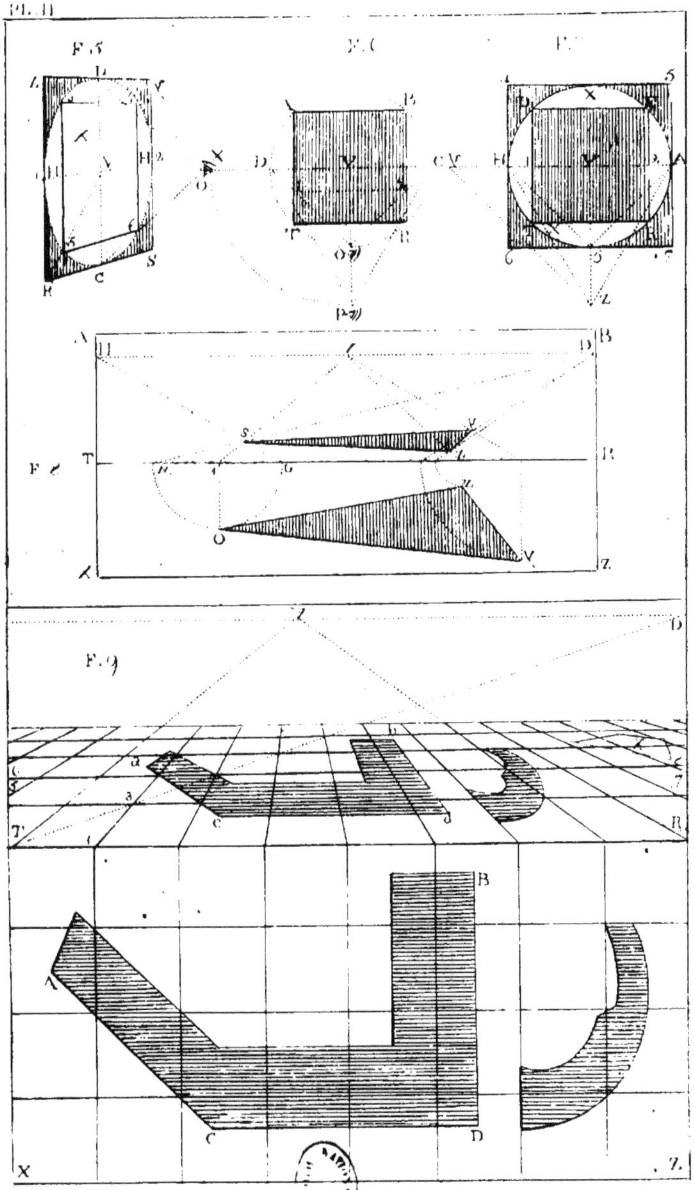

F. 5

F. 6

F. 7

F. 8

F. 9

Pl. III

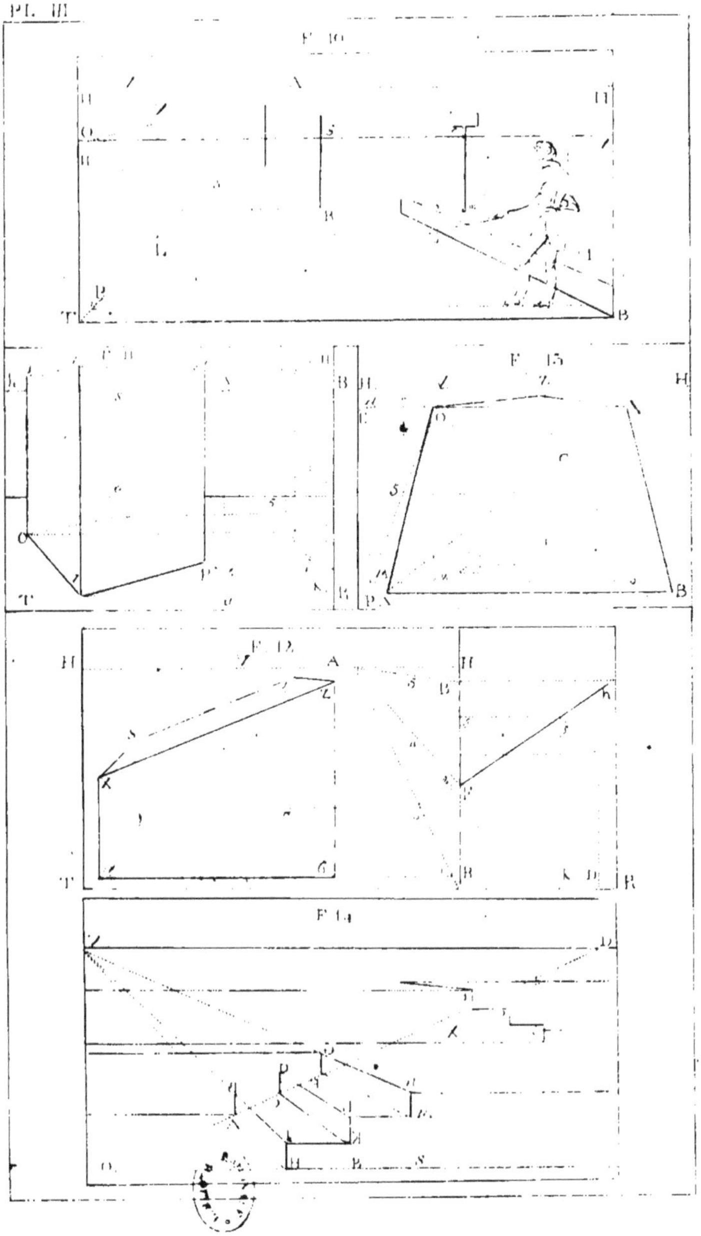

F. 10

F. 11

F. 13

F. 12

F. 14

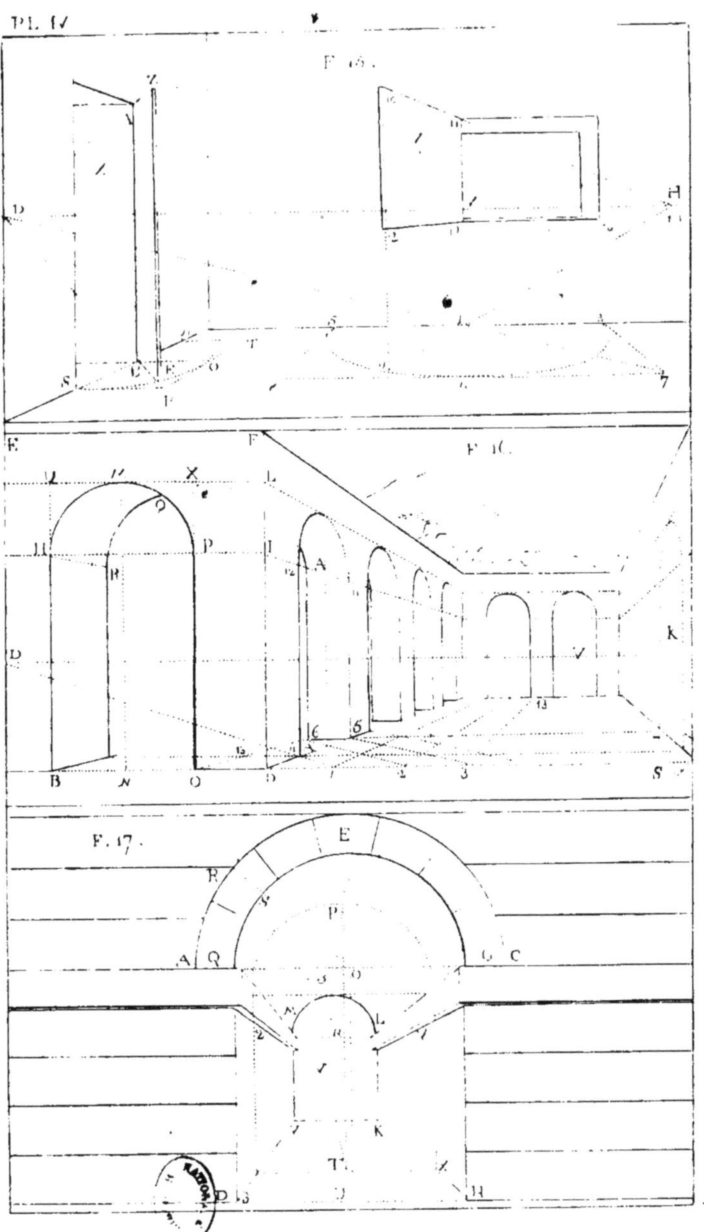
PL. IV
F. 17.

PL. V

PL. VI

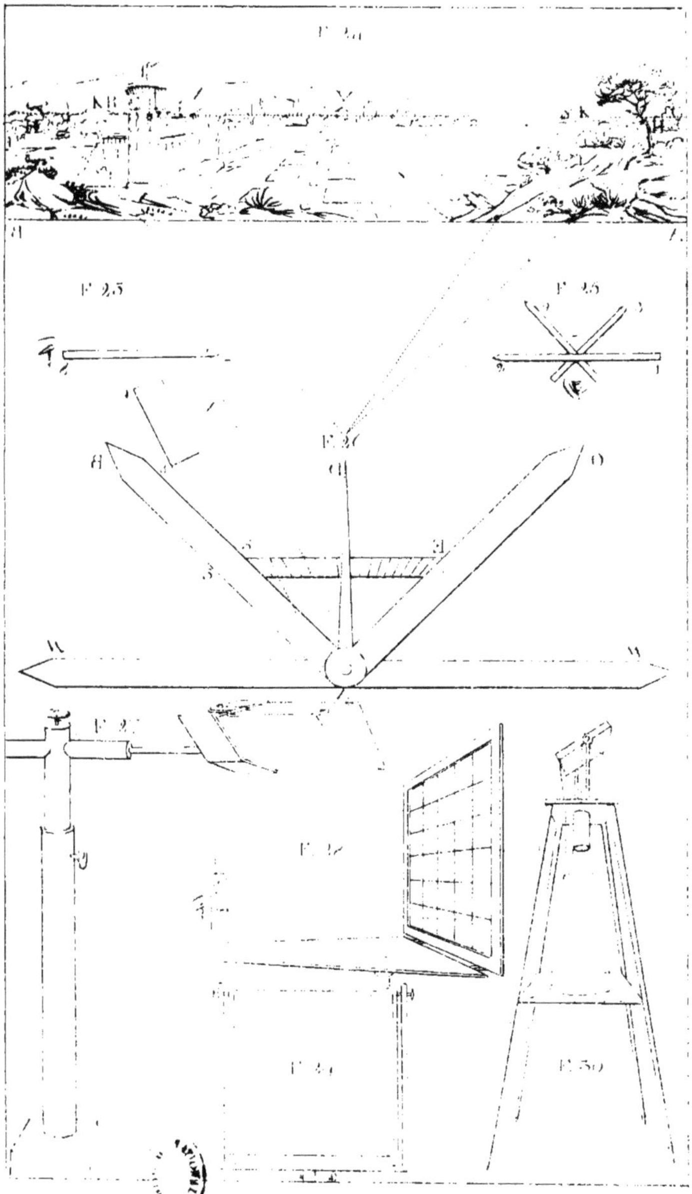

F. 25

F. 26

F. 27

F. 30

www.ingramcontent.com/pod-product-compliance
Ingram Content Group UK Ltd.
Pitfield, Milton Keynes, MK11 3LW, UK
UKHW022111260726
13993UKWH00001B/446